森林疗养及其实践

中国林学会 编

内容简介

近年来，森林疗养得到社会的普遍关注和认可，森林疗养不仅是一种健康促进手段，更是人与自然和谐共处的一种体现。本书力图从理论层面和实践层面呈现森林疗养全貌，帮助大家更好地理解和应用森林疗养、推动相关产业的健康发展，促进生态与健康的双重收益。

本书追溯了森林疗养的起源，并总结分析了国内外的现状和发展趋势；阐述了森林疗养的概念、内涵、形式及医学循证；分析了森林中的疗养因子，如芬多精、负氧离子、绿视率、声环境、大气环境、氧气和小气候等对人们生理健康和心理健康的影响；介绍了常见的森林疗养方式，如日式森林疗法、气候地形疗法、园艺疗法和荒野疗愈；最后，以案例的形式介绍了国内外森林疗养实践中综合应用林学、心理、旅游、文化等多领域、多学科的知识和理念，在森林疗养活动中兼顾人体健康和维护森林资源的可持续利用的实践。本书适用于医疗、福利、教育、心理、健康管理相关领域的从业人员参考，也适合森林疗养师以及对森林疗养感兴趣的社会大众阅读。

图书在版编目(CIP)数据

森林疗养及其实践 / 中国林学会编. —北京：中国林业出版社，2024.11.（2025.2重印）—ISBN 978-7-5219-3041-2

Ⅰ. R454.6

中国国家版本馆 CIP 数据核字第 2025XX9279 号

责任编辑：肖　静　邹　爱
封面设计：时代澄宇

出版发行：中国林业出版社
　　　　　（100009，北京市西城区刘海胡同7号，电话83143625）
电子邮箱：cfphzbs@163.com
网址：www.cfph.net
印刷：河北鑫汇壹印刷有限公司
版次：2024年11月第1版
印次：2025年2月第2次
开本：710mm×1000mm　1/16
印张：6.75
字数：152千字
定价：45.00元

《森林疗养及其实践》编委会

主　　任　沈瑾兰
副 主 任　冯彩云　郭文霞

主　　编　冯彩云
副 主 编　南海龙　郭文霞
编写人员（按姓氏拼音顺序）
　　　　　程小琴　范永霞　冯彩云　高俊虹　郭文霞
　　　　　韩　艺　何　晨　赖雪松　李宛鑫　纳　夏
　　　　　南海龙　沈瑾兰　宋晓珍　王化君　王娟娟
　　　　　王晓博　王　雪　吴建平　原磊磊　张梦晨

前言

森林是陆地生态系统的重要组成部分，是具有全球意义的宝贵资源。森林调节着自然界的空气和水循环，具有固碳释氧、涵养水源、防风固沙、调节气候、保护生物多样性等多重功能；森林自古以来也是人类文明的重要组成部分，是人类心灵的栖息地，对人类社会的健康和福祉具有深远影响。在现代社会的快节奏生活中，森林疗养作为一种基于自然的健康促进方式，提供了一种远离城市喧嚣、与自然亲密接触的机会，帮助人们缓解压力、恢复活力，越来越受到社会的广泛关注与认可。

近年来，我国高度重视森林康养产业的发展。2023年10月13日，习近平总书记在江西调研时提出要"培育生态旅游、森林康养等新业态"。2024年中央一号文件进一步明确了发展森林康养的战略方向，强调要"培育生态旅游、森林康养、休闲露营等新业态，推进乡村民宿规范发展、提升品质"。这不仅为森林疗养的发展指明了方向，也体现了国家对人们健康福祉的深切关怀。

森林疗养作为森林康养的重要组成部分，成为生态旅游和健康产业发展的新兴领域。森林疗养以其独特的自然环境和丰富的生物资源，通过促进身心健康、预防和辅助治疗疾病等方式，为人类提供了全新的健康养生体验。研究表明，森林中的芬多精、负氧离子、绿视率等诸多自然因子，对人体的生理和心理健康产生了显著的积极影响。这些因子能够有效增强免疫功能、降低血压、改善呼吸系统功能，同时在心理层面上能够缓解压力、提升情绪，还可改善睡眠等。此外，森林疗养作为一种结合生态保护与健康促进的创新实践，具有重要的社会价值和发展潜力。在国家政策的支持下，森林疗养的发展前景广阔。然而，要实现这一目标，需要社会各界的共同努力，尤其是在政策支持、科学研究、技术推广和社会认知等方面的进一步提升。

本书的编写旨在为森林疗养的行业发展提供系统的理论研究和实践指导，提高社会对森林疗养的认知，推动相关产业的规范发展，进而实现森林疗养的社会价值和经济价值。

本书全面介绍了森林疗养的起源与发展、关键因子、疗法实践以及在各领域中的应用。通过系统的理论探讨与丰富的实践案例，帮助相关人员更好地理解和应用森林疗养、推动相关产业的健康发展，促进生态与健康的双重收益。希望本书的出版能够推动森林疗养事业发展，为实现"绿水青山就是金山银山"的美好愿景贡献一份力量、为人类的健康福祉作出积极贡献。

由于森林疗养涉及的内容较广，学科交叉性较强，加之时间和水平有限，本书尚存不足之处，敬请读者朋友批评指正。

冯彩云

2024 年 8 月

目 录

前　言

第一章　森林疗养概况 …………………………………………………… 9
第一节　森林疗养的起源 ……………………………………………… 9
第二节　森林疗养概念、内涵、基本属性和主要形式 ……………… 13

第二章　森林中的疗养因子 ……………………………………………… 18
第一节　芬多精 ………………………………………………………… 18
第二节　负氧离子 ……………………………………………………… 24
第三节　绿视率 ………………………………………………………… 30
第四节　声环境 ………………………………………………………… 31
第五节　氧气 …………………………………………………………… 33
第六节　大气环境 ……………………………………………………… 35
第七节　小气候 ………………………………………………………… 36

第三章　森林疗养与人体健康 …………………………………………… 39
第一节　森林环境与生理健康 ………………………………………… 39
第二节　森林环境与心理健康 ………………………………………… 43

第四章　森林疗养常用的几种疗法 ……………………………………… 46
第一节　日式森林疗法 ………………………………………………… 46
第二节　气候地形疗法 ………………………………………………… 48
第三节　园艺疗法 ……………………………………………………… 52
第四节　荒野疗愈 ……………………………………………………… 58

第五章　森林疗养实践 …………………………………………………… 65
第一节　福祉领域的森林疗养实践 …………………………………… 65
第二节　医疗领域的森林疗养实践 …………………………………… 66

第三节　心理领域的森林疗养实践 ………………………………… 68

　　第四节　康复领域的森林疗养实践 ………………………………… 71

　　第五节　职工疗休养领域的森林疗养实践 ………………………… 72

　　第六节　教育领域的森林疗养实践 ………………………………… 73

第六章　森林疗养课程设计案例 ……………………………………………… 75

　　第一节　亚健康人群的森林疗养课程设计案例 …………………… 75

　　第二节　亲子活动的森林疗养课程设计案例 ……………………… 82

　　第三节　与文旅产业融合发展的森林疗养课程设计案例 ………… 88

　　第四节　高压人群森林疗养课程设计案例 ………………………… 97

参考文献 ………………………………………………………………………… 102

第一章

森林疗养概况

第一节 森林疗养的起源

森林疗养最早起源于德国,此后由于其特殊功效,被人们逐渐接受并得以普及。自20世纪80年代以来,欧美,以及亚洲的日本、韩国逐步调整森林经营模式,根据各自的特点,寻求森林生态、经济和社会效益的平衡点与增长点,将森林疗养作为林业提质增效和转型升级的重要抓手,将其作为提高国民福祉、民族整体健康水平和生活质量的重要手段和措施。森林疗养充分发挥森林的社会价值和生态服务价值。

一、国外森林疗养的形成与发展

随着社会发展,人类对森林的认识由最初的原始崇拜、资源获取与简单利用,向着审美自然、陶冶身心、医疗保健等综合认知方向发展。人们逐渐开始对森林有了新的认识,产生回归自然的渴求,同时对森林疗养的理解也不断丰富与发展。在国外,森林疗养的发展经历了3个阶段。

(一)萌芽期

1840年,德国人为治疗"都市病"创造了气候疗法。在19世纪40年代,德国就在巴特·威利斯赫恩镇创立了世界上第一个森林疗养基地,并先后建立了50处森林疗养所。1855年,赛帕斯坦·库乃普(Sebastian Kneipp)医师倡导利用水和森林开展"自然健康疗法"。他选择了德国一个叫巴特·威利斯赫恩的小镇作为实验场所,由于疗养效果的显著,到访人数增多,镇上随之建立了数十家专门为体验者开设的旅馆。旅馆中配有精通"库氏疗法"的医师,体验者按照医生的指导专心疗养。目前德国的巴特·威利斯赫恩镇,森林茂密,温泉资源丰富,虽然人口只有1.5万,却拥有70名专业医生和280名森林理疗师,每年接纳7万客人,约60%的当地居民的工作与森林疗养有关。以德国为首的欧洲国家,对森林疗养的接受程度较高。根据德国政府1990年的一项调查,德国大约70%的公民都接受过自然疗法的治疗,52%的公民确信该疗法有一定疗效。从20世纪70年代初到80年代末,经常接受自然疗法的比率从30%上升到46%。据德国医生对就诊患者的调查，34%的患者经常接受自然疗法，48%的患者很少接受自然疗法，10%的患者是应医生要求去接受自然疗法，只有8%的患者从未接受过自然疗法。1980年以前，以德国为代表的雏形期。德国是世界上最早开始森林疗养实践的国家。

美国则是开展森林疗养条件研究最早的国家，也是最早开始发展养生旅游的国家之一。美国的森林面积有310万 km²，占国土面积的32%。其中，28%的森林为国有林，森林养生度假是森林旅游的重要形式，进入森林休憩健身，早已成为美国人生活方式的一部分。美国太阳河度假村，被誉为美国前十大家庭旅游度假区，占地面积13.4km²，三面被森林环绕，拥有如茵的草地和美丽的松树林，是不同年龄的度假游客、户外运动爱好者的养生天堂。这里提供了创新、变化的配套服务和深度体验运动的空间养生场所，成为世界各地开发养生度假基地学习借鉴的标杆项目。其体系构建主要分为"旅""居""节""业"4个体系，通过旅游项目、节事活动等形成完整的养生度假功能。

(二) 形成期

1980—2000年，以日本、韩国为代表。20世纪80年代，在日本前林野厅长官前田直登等的倡导下，日本引进了森林疗养，首次提出了将森林浴纳入民众健康的生活方式，在日本西北部的长野县举行了第一次森林浴大会，并系统地开展了森林疗养效果证实研究。1983年，日本林野厅又发起了"入森林、浴精气、锻炼身心"的活动。日本的森林疗养起步稍迟，但发展迅速。目前，森林疗养在日本已成为被广泛接受的治疗活动，森林疗养预防疾病和促进健康的效果已成为公众关注的焦点。

韩国于1982年开始提出建设自然休养林，1988年确定了4个自然休养林建设基地，1995年将森林解说引进到自然休养林，启动森林利用与人体健康效应的研究。

20世纪90年代以来，"森林体验及心理健康"方面的实证研究得到关注，结果表明，不同人类群体在参与森林项目或体验森林环境时心理健康方面产生了积极的变化，这一时期的代表性的论文有《森林露营者及其自我实现的增长》《森林体验及酗酒者之抑郁症》《森林项目及大学生之抑郁症》《窗外森林美景及上班族工作满足感》及《城市森林用户及其心理社会产出》等。

(三) 发展期

21世纪初以来，有关森林健康与森林医学等方面的研究得到更多关注，世界林业发达国家和国际组织的相关机构也应运而生。如，2005年韩国设立了"森林疗养论坛"的跨学科研究小组，主要目标是研究森林对人体健康益处并将结果提供给公众。迄今为止，该论坛涉及200名森林、医学、运动科学领域的研究人员。欧盟于2004—2008年发起了森林、林木及人类健康与福祉(COST行动E39)的研究,旨在增加自然环境对欧洲居民健康和福祉贡献的了解,并进一步了解森林和树木与人体健康的关系。而国际森林研究组织联盟(International Union of Forest Research Organizations, IUFRO)于2007年在芬兰建立了新的森林和人体健康专门研究小组,调查森林与人类健康的关系。该研究小组促进了在这一领域的跨学科交流,尤其是林业和卫生专业人员之间的对话。2010年芬兰启动了"福祉型森林疗养徒步"活动,并在欧盟国家,特别是波罗的海国家得到了拓展。

2004年,日本成立了森林疗养学会,正式开始从事森林环境及人类健康相关的循证研究。日本农林水产省在2004—2006年发起了一项研究,旨在从科学的角度调查森林对人类健康的治疗效果。该研究取得了大量数据,证明了森林可以通过减轻压力进而达到促进生理及心理健康的功效。例如,日本医科大学的李卿博士、千叶大学的宫崎良文博士、森林综合研究所的香川隆英博士等研究人员,以东京工作繁忙的白领和高血压、抑郁症、糖尿病等患者为研究对象,通过他们在森林中不同时长的散步、休息,发现他们血液中的NK细胞(免疫细胞)活性明显增加,证明森林对高血压、抑郁症、糖尿病等症状具有显著的预防和减缓作用。2006年,"森林医学(Shinrin Igaku)"一词首次在日本被提出。2007年,日本森林医学研究会成立时首次使用了"Forest Medicine"这一英文说法,进一步丰富了森林疗养内涵。由此,日本也成为世界上拥有最先进、最科学的森林养生功效测定技术的国家。

随着生理测量及评估技术的发展,人类接触森林时的生理活动变化得到了定量研究。日本林野厅开展了"森林生态系统环境要素对人体生理影响的研究"。该项目发现,森林疗养可以减少交感神经的活动,增加副交感神经的活动,通过减少唾液中皮质醇、尿液中肾上腺素和去甲肾上腺素的分泌水平,能够稳定植物性神经活动。森林疗养可以降低前额叶脑活动,降低血压,产生放松的作用。东京医科大学李卿等对比城市观光和森林疗养后发现,森林疗养可以提高人体自然抗体(NK)活性和抗癌蛋白数量,他认为森林疗养提高NK细胞活性和增加抗癌蛋白的作用可以保持7天以上,甚至30天之久。这表明,如果市民每月接受一次森林疗养,身体就能够保持更高水平的NK细胞活性,这对促进健康和预防疾病是非常重要的。

目前,针对芬多精的研究也取得了显著进展,宫崎良文等研究发现,芬多精(植物挥发性生物活性物质)在森林疗养中发挥着重要作用,针叶林中的芬多精主要是单萜类化合物,包括α-蒎烯、莰烯和β-蒎烯。在日本扁柏和柳杉林中α-蒎烯含量特别高,而在赤松林中α-松油烯则为主要组成部分。一般认为,树种组成不同，检测到的芬多精的组分和含量也不相同。这是由于不同树种释放的挥发性有机物成分和含量不同所致，树种叶片的释放浓度是不同的。研究发现，异戊二烯是阔叶林中芬多精的重要组分，但是由青冈栎、蒙古栎、泡栎等树种组成的森林存在例外。

二、中国森林疗养的形成与发展

在中国，古人清楚地认识到了森林的疗养、医药、卫生、保健功能。秦汉时期高人雅士的隐居实际上就是一种心理和肌肤的治疗，通过山水、森林的作用抚慰人的心理和肌肤创伤。历朝皇家行宫别苑均建在风景秀丽、森林茂密之处，就是利用森林的优美环境调养身心，恢复体力与健康。因此森林疗养对我们只是一个概念、现代技术和模式的引进，其实践早已有之。

中国传统医学很早就提倡利用森林中的清新空气和芳香物质作为医治疾病、强身健体。唐代医学家孙思邈在其医著《千金翼方》中提出："山林深处，固是佳境"。明代医学家龚廷贤在《寿世保元》中提出"山林逸兴，可以延年"的论点。到了近代，人们不仅认识到森林的自然美景能让人赏心悦目，能给人以宁静爽朗之感，茂盛的树木给人以生机勃勃的印象，还认识到许多树木散发出来的芳香物质具有杀菌保健的作用。我国的中医学界，近年来在利用森林、花卉的"闻香"原理中总结、创造了一系列"闻香"疗病养生理论及方法。这些理论及方法，是建立森林疗养院休疗的基础。森林疗养院疗法，适用于慢性支气管炎、肺结核、哮喘、焦虑症、消化不良、神经衰弱、高血压、高楼综合征、办公室病症等等。蒋家望研究显示，昆明疗养地康复疗养有效率达99.7%，证实昆明疗养地多种自然疗养因子对机体的有益作用，1109例康复疗养中发病率最高的前13种疾病分别为：冠心病、高血压病、骨及关节退行性疾病、慢性支气管炎并COPD、慢性胃炎等。这表明疗养医学要重视自然疗养因子对人体的生理、病理的影响，充分利用疗养因子的作用，提高人类生存质量。

目前国内的森林疗养无论在理论研究还是生产实践方面都处于起步阶段，就理论研究而言，目前的内容还主要集中在森林旅游休憩功能、规划等方面，而在森林疗养方面尚未形成较为完整的理论体系。当前我国已经进入了城镇化快速发展时期，全国城镇人口比例超过人口总数的一半，经济发展与环境保护矛盾日益凸显。据世界卫生组织的统计资料显示，全球处于亚健康状态的人超过60%，而我国随着经济的快速发展，相当部分人群已经出现了精神紧张、压抑、烦躁、高血压、高血脂等亚健康症状。不仅如此，按照民政部的标准，2014年底，我国65岁以上老人为1.375亿，占全国总人口的10.1%。预计2025年将达到3亿。森林疗养将是改善和解决这些问题的良方，并为这些事业的进一步发展带来生机。森林疗养是生态林业、民生林业的具体体现。森林疗养的初衷就是让人们享受森林的恩惠，使他们零距离地接触自然、感受自然、亲近自然，在享受森林恩惠的同时也接受森林及大自然的教育，使他们更加了解自然、热爱自然，进而激发全民走进森林、热爱森林的新热潮。

我国森林资源丰富，而森林疗养则是以优质的森林资源和不破坏森林植被为先决条件，以因地制宜为基础，以充分保持和发挥森林植被和环境功效为前提，以适度的人工设施为辅助，以科学缜密的医疗监测数据为依据，以健康的衣食住行为保障，以亚健康、老年人和病体康复人群为主要目标群体，以城镇居民为主要服务对象。由于森林中对人体有益物质和成分的作用，使人体的生理和精神发生很大甚至是质的变化，从而达到缓解压力、修身养性、解除疲劳、防病治病、康体健身、益寿延年的目的。

森林疗养是在我国新常态下，发展健康产业的创新模式，是撬动整个健康全产业链的杠杆，不仅迎合现代人预防疾病、追求健康、崇尚自然的要求，更是把生态旅游、休闲运动与健康长寿有机地结合在一起，形成内涵丰富、功能突出、效益明显的新产业模式。

目前我国已经成为世界第二大经济体，庞大的人口基数及消费能力，可以为森林疗养事业和产业的发展提供巨大的发展空间和市场潜力。森林疗养作为一项新生事物，尽管还处在萌芽阶段，但终将成为推动国家经济和社会发展的又一新的亮点和增长点，具有广阔的市场空间和发展前景。

第二节　森林疗养概念、内涵、基本属性和主要形式

一、概念

森林疗养是利用森林开展的辅助替代疗法。辅助替代疗法是常规医疗的补充，森林疗养是"以自然为药"，日光、空气、气候、地形、植物都是主要元素。作为辅助替代疗法，森林疗养的个体差异很大，但一旦确认有效，便可以长期干预。另外，辅助替代疗法应用场景灵活多样，医疗和非医疗环境均可使用。

二、内涵

利用森林的方式不同，辅助替代技术也有所不同（表1）。森林疗养只是揭开了森林与人类健康关系的一角，更多"以自然为药"的方式，还有待于进一步挖掘和实证。

表1 各种疗法的比较

名称	利用森林的方式	作用机制	适用症
日式森林疗法	感官舒适、气候舒适和自然暴露	调整自律神经，改善内分泌和免疫功能	与压力有关的身心疾病
气候地形疗法	冷凉气候、海拔、步道坡度、铺装材质	低温运动	与运动疗法适用症一致，心血管疾病、骨质疏松症、支气管哮喘
园艺疗法	造林、抚育、经营、林产品收获等劳动	猎获、照料和创造需求的满足	与作业疗法适用症一致，回归社会和提高生命质量
荒野疗愈	绿色镇静、自然隐喻、冒险和无条件接纳环境	认知、表达、接纳	焦虑、抑郁、自闭等心理问题，以及团队建设和领导力提升
感觉统合训练	感官刺激和自然游戏	触觉、前庭觉、本体觉、视知觉和听知觉的训练	儿童感统失调
森林回忆疗法	森林中不变的，能与过去链接的环境特征	重组过去经验，体验正向情感	老年痴呆前期干预
药草和营养	药草植物、芳香植物、代茶植物、食源和蜜源植物	植物活性成分	根据活性成分而异

三、基本属性

森林疗养的实践涉及疗养、预防、康复和保健四大医学门类。

（1）治疗层面。森林疗养的治疗属性主要集中在心理疾病领域。比如抑郁、焦虑、自闭、多动、创伤应激、认知障碍等心理疾病患者长期或定期进行森林疗养，其精神和情感表现为安定化、恐慌行为减少、交流行为增加等。此外，森林疗养对治疗部分生理疾病也具有重要意义，早在100年前，德国就通过森林疗养来干预肺结核。

（2）预防层面。日式森林疗法主要针对生活习惯病和由压力引发的相关疾病。生活习惯病是在城市紧张生活中，由不良生活习惯所造成的亚健康状态，包括肥胖、高血糖、高血压、过敏、头痛、抑郁、男性阴茎勃起功能障碍等。生活习惯病大多因为压力而产生，由心理问题传导为生理病态，而森林疗养可有效调节生活压力，因此预防生活习惯病效果显著。

（3）康复层面。园艺疗法属于作业疗法，气候地形疗法属于运动疗法，而作业疗法和运动疗法均是康复医院的主要干预技术。另外，近年森林康复机构在各地不断兴起，人与森林有一种天然亲和感，森林里的溪流和植物光合作用可释放大量负离子，为病人提供了符合康复要求的身心环境。

（4）保健层面。很多人将森林疗养作为一种生活理念，其特征是"五感、乐活、有氧、真食、再野化"，坚持这种理念对于睡眠、美容、抗过敏有重要意义。

另外，森林中芬多精、负氧离子、绿视率、1/f波声音[①]、母牛分枝杆菌[②]也是重要保健因子。

四、基本形式

森林疗养流程大致分为受理面谈、制定和实施森林疗养课程、效果评估3个阶段。受理面谈主要是了解访客需求、评估访客健康状态、制定干预目标并引导访客反思健康问题和开展健康教育。在制定和实施课程阶段，主要是选择合适的辅助替代疗法，根据场地资源，制定合适森林疗养课程，并指导访客实施好森林疗养课程。森林疗养的重点是对疗养效果及时进行评估，并用以改进森林疗养课程，评估方式可以是量表、仪器设备或专家主观意见等。

五、医学循证

日本国民保险协会在推动森林疗法适用保险过程中，曾做了大量医学循证（表2）。不考虑森林中气候、药草、日光等因子，仅植物群落环境与健康之间，就有如下结论。

表2 森林环境对人类的影响

测定指标	循证等级	主要证据
循环系统-血压	1、3	①受试人群在森林环境中的舒张压和收缩压，均显著低于非森林环境（Ideno et al.，2017）。②即便是有抑郁倾向的人，森林浴后舒张压和收缩压也会显著下降（Furuyashiki et al.，2019）。③有高血压倾向的男性，接受森林疗法后，血压显著降低（Ochiai et al.，2015）
循环系统-脉搏	1、3	在森林或绿地环境中，脉搏数显著降低（Li et al.，2016；Twohig-Bennet et al.，2018；Michelle et al.，2018；Kondo et al.，2018）
循环系统-心血管	2、3	①与城市相比，短暂到访绿地也能改善冠状动脉疾病患者的压力水平和心血管风险因子（Grazuleviciene et al.，2016）。②森林浴能够改善慢性心功能不全患者的病理学因子（Mao et al.，2017）
自律神经系统-心率变异性	1、2	①无论男女，在森林中停留15分钟到4小时，可以诱发副交感神经活性，减轻不安感，降低压力水平和血压（Mark et al.，2019）。②在森林中，比起散步，远眺更能亢进副交感神经活性和降低交感神经活性（Kobayashi et al.，2018）

注：①1/f波声音是指频率和功率谱密度呈反比的声波。
②母牛分枝杆菌这种细菌会刺激血清的产生，让人感到放松和快乐。

(续)

测定指标	循证等级	主要证据
免疫系统	3	①与城市旅行相比，3天2夜的森林旅行可以增加自然杀伤细胞活性和数量以及细胞中抗癌蛋白水平，男性可以维持30天，女性可维持7天(Li et al., 2008)。②当日往返的森林旅行也能够提高男性访客的自然杀伤细胞活性和数量以及细胞中抗癌蛋白水平，可维持7天(Li et al., 2010)
内分泌系统	3	森林浴可降低压力激素水平(Mao et al., 2012; Lee et al., 2011)，当日往返的森林旅行也能够大幅降低尿液和血液中去甲状腺素和多巴胺(Li et al., 2011)
脑神经-脑波	2	与城镇相比，竹林可以降低血压，基于脑波监测有放松效果
脑神经-红外分光法	2、3	听森林的声音(Jo et al., 2019)、观察盆景(Song et al., 2018; Ochiai et al., 2017)、触摸扁柏(Ikei et al., 2018)、观看自然影像(Song et al., 2018; Juanhong et al., 2017)都可以使额前叶活动平静，表明有放松效果
炎症反应	3	①对白细胞的监测表明，森林浴可以降低炎症诱发水平(Mao et al., 2012)。②森林浴能够降低炎症关联水平(Mao et al., 2017)
氧化应激	3	①通过监测溃疡坏死因子等多项指标，发现森林浴可降低氧化应激水平(Mao et al., 2012)。②森林环境可改善抗氧化功能(Mao et al., 2017)
身体其他反应	4	①随着自然暴露的增加，2型糖尿病、心脑血管疾病的发生率，以及心血管疾病的死亡率都显著降低(Twohig-Bennet et al., 2018)。②自然暴露时间与健康状况、体重、情绪、注意力和压力状况深度关联(Michelle et al., 2018)
焦虑障碍	3、4、5	①森林浴作为认知行为疗法的一环，可改善抑郁症(Berman et al., 2012; Kim et al., 2009)。②森林浴可改善情绪障碍患者的情绪和不安感(Bielinis et al., 2019)。③用森林浴干预慢性疲劳综合征(Sonntag-Öström et al., 2014)
活力感	3、4、5	①与城市公园和城市环境相比，短时间森林浴也能够改善主观活力(Ojala et al., 2019)。②比较短时间城市徒步和森林浴，森林浴能够增加恢复感和活力感(Takayama etal., 2014)。③森林浴能够改善生命质量、改变生活习惯(Takayama et al., 2019)
幸福感	3、4、5	①在森林环境停留3天能够显著提高幸福感(Sung et al., 2011)。②在一周中接触2小时自然，幸福感会显著提高，接触6小时幸福感最高(White, et al., 2019)

(续)

测定指标	循证等级	主要证据
死亡率	4	①因收入差距带来的健康不平等,会因绿化率而减小(Mitchell et al., 2008)。②森林覆盖率高的地区,乳腺癌和前列腺癌的标准化死亡率更低(Li et al., 2008)。③住宅250米范围绿地数量和死亡率成反比(Crouse et al., 2017)
离职率	5、6	①引入森林疗法后,员工离职率从12%降到1%。②问卷调查发现,参加森林经营活动提高了企业员工的环境意识
工作效率、工作和生活质量	5、6	与城市办公室相比,在信依町森林环境,员工的认知作业水平、情绪稳定性、工作效率都有显著提升(木村等,2019)
上市企业形象和投资价值	5、6	不仅提高了企业形象,还提高了员工的教育和健康辅助(峰尾,2019)

第二章

森林中的疗养因子

第一节 芬多精

森林中许多植物在生长过程中可不断散发出芳香浓烈的挥发性物质，如丁香酚、柠檬油、桉油、肉桂油、酒精、有机酸、醚、醛、酮等，这些物质能杀死细菌、真菌和原生动物，因此将它们称为"植物杀菌素"或"植物精气"，也叫芬多精。芬多精最早由列宁格勒大学胚胎研究院托京博士于1930年发现并命名。托京博士发现当高等植物受伤时，会散发出挥发性物质，其主要组成成分为香精油（萜烯）、有机酸、醚、酮等，能杀死细菌、病毒，于是他将这种植物的挥发性物质命名为"芬多精"。芬多精是植物散发的一切杀菌物质的总称。据测定：$1hm^2$的松、柏、杨、桦、槐等树林，每天可分泌芬多精30~60kg，并均匀散布于周围2km以内的区域；银杏、柏木、桦树、桉树、冷杉等树叶分泌出的杀菌素能杀死肺炎球菌及白喉、肺结核、伤寒、痢疾等病原菌。据调查，在闹市区中心和车站等地每立方米空气中就含有4万多个病菌，而在林区却不到100个，森林中植物依靠精气进行自我保护，并能阻止细菌、微生物、害虫等的成长蔓延。

植物芬多精主要成分为倍半萜烯、单萜烯和双萜，具有抗菌、抗癌和抗微生物等保健特性，对人体健康有益，并能促进生长激素的分泌。另外，芬多精还能增强人体神经系统的兴奋性和敏捷性，缓解人体紧张，可以使人在森林中得到放松，并且保持头脑清醒。研究人员利用多导电生理技术检测人体在嗅闻树木挥发物后生理指标的变化发现，人体在嗅闻松、柏等针叶植物挥发物后，精神处于相对放松的状态，紧张得到缓解，情绪变为松弛。

人类利用植物芬多精已有数千年的历史，4000年前埃及人利用香料消毒防腐，欧洲人利用薰衣草、桂皮油来治神经刺激征。1982年，日本人把"森林疗养"引到亚洲，并利用植物挥发性生物活性物质对人体的保健作用推广"森林浴"。目前，俄罗斯、意大利、日本、德国、英国、法国、美国等许多国家，都竞相利用植物芬多精。苏联在巴库建立了一所别具一格的"巴库健康区"，内设一座植物馆，馆内培养了各种植物，利用这些植物所挥发出来的芳香物质，给病人治疗各种疾病。在苏联的塔吉克斯坦共和国，也建立一种不打针、不吃药的森林医院，病人只要在医院听听音乐、闻闻天竺葵的香味，就能镇静神经，消除疲劳，促进睡眠。天竺葵香味成了这座医院的主要药物。据研究由于长期城市生活造成的腰、腿、脚等疾病患者若能坚持在森林内漫步，要不了几周就可以减轻和治愈这些疾病。而植物疗法对于治疗妇女疾病效果尤为显著。苏联的巴库森林疗养区，利用植物疗法已经有效地控制了血液循环障碍、呼吸中枢失调、动脉硬化、痉挛性结肠炎、神经官能症等多种慢性顽固性疾病。

在我国，从商代开始利用香料，许多古代医学著作中介绍了香料的用途，如可防止霉烂、驱虫防腐等。香料挥发的香气对于细菌来说，则具有杀伤作用。尤其对结核、霍乱、赤痢、伤寒等病原菌，杀伤能力更强。我国3000年前人们利用艾蒿沐浴焚熏，以洁身去秽和防病。艾草代表招百福，是一种可以治病的药草，插在门口，可使身体健康。菖蒲，多年水生草本植物。艾蒿与菖蒲中都含有芳香油，因而可充作杀虫、防治病虫害的农药。端午期间，时近夏至，天气转热，空气潮湿，蚊虫滋生，疫病增多。古时，人们缺乏科学观念，误以为疾病皆由鬼邪作祟所至，故而节日一早便将艾蒿、菖蒲扎成人形，悬挂在门前，用以祛鬼禳邪、保持健康。其实，真正起到净化环境、驱虫祛瘟作用的，还是这两种草的香气。晋代《风土志》中则有"以艾为虎形，或剪彩为小虎，帖以艾叶，内人争相裁之。以后更加菖蒲，或作人形，或肖剑状，名为蒲剑，以驱邪却鬼"。名医华佗曾用丁香加麝香制成香囊治疗呼吸道感染等疾病。后来人们制作药枕、香包等，利用花卉释放出一些具有香气的物质来达到杀菌、驱病、防虫、醒脑、保健等功能。

1985年，由浙江省天目山林区与上海新华医院合办的"天目山森林康复医院"利用植物精气独特保健康复功能，成为开展森林浴活动的先驱。中南林学院森林旅游研究中心在研究植物芬多精的利用方面做了大量的工作。从20世纪80年代，在林业部的支持下，采集分析150种中国主要树种的叶片、103种木材、22种花、18个树种林分的芬多精挥发物，鉴定出440种植物芬多精化学成分，并根据相关的技术资料对植物芬多精的保健功能作出了认定和评价，为植物芬多精的研究和利用奠定了基础。植物芬多精是森林疗养的重要资源，在静养区的规划设计中要系统调查、合理利用，植物量不足的要规划营造，使之成为一个理想场所。

一、生物合成

植物芬多精是植物的花、叶、芽、木材、根等器官的油腺组织在其新陈代谢过程中不断分泌、释放的具有芳香气味的有机物质，其有效成分有，①萜烯类：如松柏的香气。能够降低人体血压、抑菌消毒、抵抗炎症、镇痛，并使人松弛。

②醇类：如花香香气和茴香清香。有很强的杀菌、抗感染、抗病毒、刺激作用，安全性高。③酚类：如丁香花和香芹。具有很强的杀菌力，能刺激神经系统、镇痛、抗感染、愈伤、促进消化、祛痰、提高人体免疫机能。④酮类：如圆柚和薄荷。具有镇痛、抗凝血、抗真菌、抗炎症、愈伤、促进消化、祛痰、提高免疫机能、让人松弛的作用。⑤酯类化合物：如玫瑰、葡萄、茉莉。能有效抵抗炎症、治疗皮肤发疹。

植物芬多精是由于植物体内有机物的代谢形成的。植物代谢产物分为两类，一是初生代谢产物，是指糖类、脂类、核酸和蛋白质等初生代谢物质。初生代谢与植物的生长发育和繁殖直接相关，是植物获得能量的代谢，是为生物体生存、生长、发育、繁殖提供能源和中间产物的代谢。二是次生代谢产物，是指由糖类等有机物次生代谢衍生出来的物质。在特定的条件下，一些重要的初生代谢产物，如乙酰辅酶A、丙二酸单酰辅酶A、莽草酸及一些氨基酸等作为原料或前体，又进一步经历不同的代谢过程。这一过程产生一些通常对生物生长发育无明显用途的化合物，即"天然产物"，如黄酮、生物碱、萜类等化合物。合成这些天然产物的过程就是次生代谢，因此这些天然产物也被称为次生代谢物。次生代谢产物一般存在于液泡或细胞壁中，大部分不再参与代谢。通常认为，植物的次生代谢与其生长、发育、繁殖无直接关系，所产生的次生代谢物被认为是释放能量过程产生的物质。在所有旺盛生长的细胞中都发生着次生代谢物的不断合成和转化，其中很多次生代谢物有着很强的生物活性，具有特殊的医疗价值，如生物碱、萜类化合物、芳香族化合物等。

芬多精则是次生代谢产物。植物的次生代谢有5种途径，乙酰—丙二酸途径、乙酰—甲戊二羟酸合成途径、莽草酸途径、氨基酸途径和混合途径。

（1）乙酰—丙二酸途径：脂肪酸类、酚类、蒽醌类等均由这一途径生成。这一过程的出发单位（起始物）是乙酰辅酶A。

（2）乙酰—甲戊二羟酸途径：径生物体内真正的异戊烯基单位为焦磷酸二甲烯丙酯（DMP）及其异构体焦磷酸异戊烯酯（IPP），它们均由甲羟戊酸变化而来，在相互衔接时一般为头-尾相接，但自三萜起，则呈尾-尾相接方式。各种萜类分别由对应的焦磷酸酯得来，三萜及甾体类则由反式角鲨烯转变而成，它们再经氧化、还原、脱胺、环合或重排，即生成种类繁多的萜类及甾体化合物。出于MVA也是由乙酰辅酶A出发外成，故其生物合成基源也是乙酰辅酶A。

（3）莽草酸合成途径：主要是合成芳香族化合物（如丁子香酚、大茴香脑等）。主要调控酶为苯丙氨酸裂解酶（PAL），通过一系列的羟基化、酰基化和甲基化等反应，催化主要底物L-苯丙氨酸转化成该类挥发性物质。天然化合物中具有C6-C3骨架的苯丙素类、香豆素类、木脂素类以及具有C6-C3-C6骨架的黄酮类化合物极为多见。

(4)氨基酸途径：天然产物中的生物碱类成分均由此途径生成。有些氨基酸脱氨成为胺类，再经过一系列化学反应(甲基化、氧化、还原、重排等)后即转变成为生物碱。并非所有的氨基酸都能转变成为生物碱。作为生物碱前体的氨基酸，脂肪族中主要有鸟氨酸、赖氨酸。芳香族中则有苯丙氨酸、酪氨酸、色氨酸等。其中，芳香族氨基酸来自莽草酸途径合成的，脂肪族氨基酸则基本上由来自三羧酸循环(TCA)循环及糖酵解途径中形成的 α-酮酸经还原氨化后形成。

(5)混合途径：由两个及以上不同的生物合成途径生成化合物。

许多天然化合物均由上述特定的生物合成途径所生成、但是也有少数例外。例如，植物界中广泛分布的没食子酸在不同的植物中，或由莽草酸直接生成(如老鹳草)，或由桂皮酸生成(如漆树)，或由苔藓酸得来。

在自然界中，植物源有机挥发物大约有 30000 种，主要是一些分子量在 100~200 的有机化学物质，包括萜类、烷烃、烯烃、醇类、脂类和羧基类等化合物，其中异戊二烯和萜类物占到一半以上。萜烯类物质是一群不饱和的碳氢化合物，一般指含有两个或多个异戊二烯单元的不饱和烃及其氢化物和含氮衍生物，主要由单萜烯、倍半萜烯、双萜烯、三萜烯、四萜烯和多萜烯等组成。

二、生理功效

在自然界中植物芬多精是植物分泌的自我防卫物质，具有抗菌和抑菌效果。自古以来我们的祖先就利用这些次生代谢产物作染料、香料、兴奋剂、麻醉剂等，即使在科学技术高度发展的今天，我们的日常生活也离不开这些次生代谢产物，如各种生物碱、萜类、苷类、挥发油等。

(一)增益大脑中的 α 脑波，稳定情绪

人类脑电波的波动频率 0.5~30Hz。大脑处在不同的情境时，将会以不同的频率传送信息，国际脑波学会依频率把它划分为 4 种波段：δ 波(无意识)、θ 波(潜意识)、α 波(意识与潜意识的沟通桥梁)、β 波(表意识)。这些意识的组合，形成了一个人的内、外在行为及学习上的表现。

δ 波：0.5~3Hz，是人在深睡状态下释放出来的脑波，又称为"睡眠波"，属于"无意识层面"的波。这时人对外界无知觉，呼吸深入、心跳变慢、血压和体温下降。

θ 波：4~7Hz，是人处在熟睡与觉醒之间释放出来的脑波，又称为"假寝波"，属于"潜意识层面"的波。人处于"半梦半醒"的状态，在这种状态下，存有记忆、知觉和情绪，许多的灵感可能突现。

α 波：8~12Hz，是人放松身心或沉思时的脑波，又称之为"放松波"，是"意

识与潜意识层面"之间的桥梁。这种模式下的人处于放松式的清醒状态,在闭目养神或静息时最常见,表示轻松而又有警觉力的状态,心情趋于安定,记忆力变好,最有利于阅读、写作、观察和解决问题。紧张和焦虑会降低人体的免疫力。而大脑有相对较多的α脑波的人,有相对较少的焦虑和紧张,因此免疫能力也相对较高,这对每一个人都有益处。

β波:13~30Hz,是人处于清醒警觉状态时的脑波,又称"压力波",属于"意识层面"的波。当我们在思考、分析、说话、积极行动时,头脑就会发出这种脑波,同时也表示一个人处在紧张、焦虑状态。长期从事专注力高的活动,如辩论、运动、竞赛、处理复杂问题等,随着β波频率的不断增加,身体会逐渐紧张起来,以随时应对外部环境变化,大脑能量除了维持本身的运作外,还要指挥"对外防御系统",因而抑制了体内免疫系统的能力,所以生物能量耗费比较大,会迅速感到疲倦,倘若没有充分休息放松,就容易堆积压力(焦躁和易怒)。当然,β波并非一无是处,适量的β波,对人提高注意力和认知行为的发展有着关键性的作用。

日本学者春山茂雄认为,大脑处在α波时,可分泌"β—内啡肽"这种使人产生愉悦的化学物质。在α波状态下,人的意识和潜意识互通,使人的感觉敏锐,直觉力强,创造力充分发挥。据日本森林综合研究所对森林疗养的一项最新研究成果表明,吸入杉树、柏树的香味,可降低血压,增益大脑中的α脑波,稳定情绪。构成木屑香气主要成分的蒎萜、柠檬萜这类天然物质具有松弛精神、稳定情绪的作用。

(二)辅助调整呼吸到正常状态

芬多精在生理上,除了第一道的病虫防护外,对呼吸系统也有正向的协助。因为它能降低空气里的尘螨,并且芬多精可通过肺泡上皮进入人体血液中,抑制咳嗽中枢向迷走神经和运动神经传播咳嗽冲动,具有止咳作用。芬多精通过呼吸道黏膜进入平滑肌细胞内,增强平滑肌细胞膜的稳定性,使细胞内游离钙离子减少,收缩蛋白系统的兴奋降低,从而使肌肉舒张,支气管口径扩大,所以能够平喘。另外,芬多精还具有轻微的刺激作用,使呼吸道的分泌物增加,纤毛上皮摆动加快,因而能够祛痰。芬多精由人体呼吸循环进入体内,帮助对抗现代文明病之困扰,以达到身心均衡之调整。

南京市各公共场所空气含菌量为每立方米49700个,公园内为1372~6980个,郊区植物园为1046个,相差12~25倍。张家界森林公园的夫妻岩人工杉木林内含菌量仅244个。林道附近因游人影响为524个,同时在公园内游人食宿中心测定为13918个。大庸市汽车站为32753个。浙江千岛湖森林公园建成后,公园内林地空气含菌量为646个,仅为县城千岛湖镇的1/120。因而许多患有呼吸道疾病的游客在森林中旅游和度假，呼吸大量的带有芬多精的洁净空气，能对病情有所控制。尤以松林，因其针叶细长、数量多，针叶和松脂氧化而放出臭氧，稀薄的臭氧给人清新的感受，使人轻松愉快，对肺病有一定治疗作用。

（三）抑制交感神经作用，消除失眠，获得舒适的睡眠效果

中国林业科学研究院利用多导电生理技术手段，采用与情绪有较大关系的最常见的生理指标为因变量，从嗅觉的角度研究侧柏和香樟两种常见绿化树种的芬多精对人体生理影响。研究表明，人体丰富的皮肤血管对交感神经活动特别敏感，手指温度会随被试者情绪变化而变化。被试者情绪趋于平和稳定则其兴奋性下降，手指血管平滑肌舒张，手指血流量增大，指温升高。相反，在紧张状态下，交感神经紧张性增高，手指皮肤血管收缩，血流量减小，指温降低。这说明人在侧柏枝叶挥发气味环境中人体处于放松，情绪变为松弛，紧张得到缓解。而在香樟枝叶挥发气味环境中紧张，出现了不良的心理反应，甚至长时间在这样的环境中会产生厌恶情绪。这可能与挥发物所含有的主要成分有关，侧柏挥发物主要是萜烯类化合物，使环境清新自然，香樟挥发物主要成分有樟脑与B-芳樟醇、桉油醇、A-松油醇等，其中，B-芳樟醇主要具有抗菌作用，桉油醇主要用作香精等，香樟枝叶也主要作为香料工业来源。

因此，植物芬多精具有多种生理功效，可以治疗多种疾病。树木为应对微生物及昆虫的攻击而分泌出的复杂化学物质为人类治愈疾病提供了原料。例如预防蛀齿及耳朵感染的木糖醇，抗致癌的木酚素，治疗病痛的树胶松焦油等等。另外，芬多精的气味也代表了与大自然的联系，久居都市的人来到乡间森林，深呼吸一口气，会觉得自己更清新而充满能量，所以在心理上对人的精神提振、心情改善，特别是郁闷也会得到疏解。

三、影响植物芬多精释放的因子

植物芬多精释放受生物因子（植物的遗传特性、发育阶段、昆虫取食等）和非生物因子（如温度、光照、水分、营养、CO_2 浓度、空气湿度、机械损伤等）影响。不同的树种有不同的芬多精，就算同一种树，本身也有数量、种类不等的芬多精。

（一）生物因子

宫崎良文等研究发现，针叶林中的芬多精主要是单萜类化合物，包括α-蒎烯、莰烯和β-蒎烯。在日本扁柏和柳杉林中α-蒎烯含量特别高，而在赤松林中α-松油烯则为主要组成部分。一般认为，树种组成不同，检测到的芬多精的组分和含量也不相同。这是由于芬多精主要由树叶释放，不同树种叶片的释放浓度是不同的。研究发现，阔叶林中植物杀菌素的重要组成是异戊二烯，而针叶林中

植物杀菌素的主要组成为α-蒎烯。不同树种组成的针叶林里植物杀菌素的组成和含量略有不同，其中柳杉林中的植物杀菌素以α-蒎烯为主，莰烯次之；日本偏柏林中α-蒎烯量特别高，三环萜、异萜品烯、柠檬烯等次之，且萜类化合物的物质总量也大于柳杉林。在植物不同器官中，叶片释放的杀菌素含量较高，但不同树种叶片释放植物杀菌素的浓度不同，这可能造成不同树种组成针叶林植物杀菌素成分不同的主要原因之一。研究发现，异戊二烯是阔叶林中芬多精的重要组分，但是由青冈栎、蒙古栎、泡栎等树种组成的森林存在例外。

(二) 非生物因子

任何植物都是在一定的温度范围内活动，植物正常的生命活动一般是在相对狭窄的温度范围内进行，温度是对植物芬多精影响最为明显的环境因素之一。叶中类异戊二烯合成酶的水平是发育过程中类异戊二烯产物的一个基本决定因素。这种异戊二烯释放率对温度的依赖性，主要是由于温度对酶的影响所致。因此，植物挥发性有机物存在季节和昼夜变化规律。将欧洲山杨突然放到温度较高的环境中，异戊二烯在几分钟内被诱导释放，并在一天内逐渐增加到最大值。温带和热带植物在40℃左右达到最大释放率，随着温度的升高，单萜释放率增加。温度是通过改变单萜类物质的蒸汽压来调控单萜的释放率。如湿地松挥发的5种单萜(α-蒎烯、β-蒎烯、桃金娘烯、柠檬烯和β-水芹烯)的释放率与叶温的变化相一致。当叶温从20℃升到46℃时，单萜的总量从3mg/g(干重)·h增加到21mg/g(干重)·h。

光照是影响植物的植物挥发性有机物合成和释放的主要环境因子之一。温度一定时，异戊二烯释放率随光照强度的增加而增加。在遮阴条件下栎属植物和欧洲山杨的异戊二烯释放量明显减少(Sharkey et al., 1991b; Harley et al., 1994)。这是由于用于合成异戊二烯的碳源主要来自光合作用近期固定的碳；并且对光的依赖性还基于异戊二烯合成酶，这说明异戊二烯在叶绿体中的合成对光具有依赖性并与光合作用存在着某种联系。而主要是叶片内单萜合成酶的活性受光照的影响不大，如湿地松在暗处和光照条件下其单萜释放率相似。原因是单萜在植物体有特别的贮存结构，并不依赖所进行的生理过程。如薄荷有腺体毛，松树针叶里有树脂道，冷杉有树脂泡，芸香科植物有腺体点，桉树里有储存洞。但单萜释放速率与空气湿度的变化密切相关，而湿度对异戊二烯的释放影响很小。

第二节　负氧离子

空气中，分子在高压或强射线作用下能够发生电离并产生自由电子，自由电子与中性气体分子结合后，就形成带负电荷的空气负氧离子。空气中绝大部分自由电子是被氧气分子所捕获的,所以我们常常用负氧离子来代称空气负氧离子。1902年,阿沙马斯等首次肯定了负氧离子的生物学意义。负氧离子能够杀菌、清洁空气,对人体的健康也十分有益。负氧离子已被医学界公认为是具有杀灭病菌及净化空气能力的有效武器,并且,利用负氧离子进行疾病疗法不仅能够使氧自由基无毒化,也能使酸性的生物体组织及血液和体液由酸性变成弱碱性,有利于血氧输送、吸收和利用,促使机体生理作用旺盛,新陈代谢加快,提高人体免疫能力及抗菌力,调节肌体功能平衡。约瑟夫·B·戴维基在《空气离子对于人类与动物影响的科学相关情报》中指出,空气负离子对于风湿、高烧、气喘、痛风、神经炎、神经痛、癌症的加重、支气管炎、结核、心脏及动脉硬化等病人具有改善作用。因此,负氧离子被称为"空气维生素",甚至被称为"长寿素"。

一、产生机制

自然界产生负氧离子三大机制为,①大气受紫外线、宇宙射线、放射物质、雷雨、风暴、土壤和空气放射线等因素的影响发生电离而被释放出的电子很快又和空气中的中性分子结合,成为负氧离子,或称为阴离子。②当水分在气体内改变表面积时,如水滴分裂成更小的水滴时,则每个分裂后水滴都会得到正电,使周围的空气得到负电而产生负氧离子,这个现象称为"勒纳尔效应"(Lenard Effect),又称为"瀑布效应"(Waterfall Effect)。在溪流、瀑布区则主要是由于水冲击产生勒纳尔效应而形成大量负氧离子。③森林的树木、叶枝尖端放电及绿色植物光合作用形成的光电效应,使空气电离而产生的负氧离子。所以有山有水有树木的地方负氧离子浓度会更高。但是负氧离子的寿命非常短暂,在清洁空气中仅能存在几分钟,如果遇到烟雾、尘埃等污染物,就会马上被吞噬掉。

二、作用

负氧离子像食物中的维生素一样,对人体生命活动有着十分重要的影响。负氧离子进入体内,可以改善机体神经系统功能,增强大脑皮层功能,促进新陈代谢,提高机体免疫力,间接治疗高血压、神经衰弱、心脏病、呼吸道疾病等,对情绪、记忆、生长发育等均有一定影响。

诺贝尔奖得主,英国科学家悉尼·布雷内在《程序性细胞死亡理论》一书中写道:人是由细胞组成的,细胞病变是百病之源。细胞健康依赖于正负离子的动态平衡,一旦这个平衡被打破,细胞就会病变,从而导致整个身体患病。氧附着于生物体的细胞组织中,当电子被夺走时,就会引起细胞组织的氧化。活性氧会从生物体的脂质(不饱和脂肪酸)或蛋白质那儿夺走电子,引起脑中风或心肌梗塞、动脉硬化症、癌症及糖尿病。负氧离子的本质是电子,因此给予生物体负氧离子，就能使生物体体内充满电子，代替生物体的脂质或蛋白质的电子给予活性氧，使活性氧安定，不会损伤生物体的细胞，同时能够抑制疾病的发生，补充修复细胞膜电位，调节生理平衡，增强免疫力和抗病能力。负氧离子能激活细胞，增强细胞膜通透性，提高新陈代谢，及时排除体内毒素、垃圾，提高免疫力和抗病能力，使人感到轻松、爽快，振奋精神并充满活力。

经国内外专家研究发现，负氧离子的生物学效应的机理主要表现在与生物体中的5-羟色胺(5-HT)有关，吸入负氧离子可使机体内的5-HT下降，而正离子的作用正好相反。5-HT是体内多功能的神经介质，空气离子被吸入机体后就是通过调节5-HT的升降而影响全身系统。人体的细胞犹如一个微型的电池，细胞膜内外有50~90mV的电位差。正是依靠这些"电池"不断地放电与充电作用，机体地神经系统才能将听觉、视觉以及感觉等各种信号输送到大脑，同时又将大脑的各种指令反馈传送给身体各器官。机体组织的生物电活动需要通过负氧离子的不断补充来维持，一旦机体得不到负离子的补充，就会影响其正常的生理活动，从而产生乏力、倦怠、精神不振、食欲不佳等症状，甚至因此而患重病。负氧离子对于生物机体的作用机理主要表现在以下6个方面。

(一)神经系统

负氧离子能够调节神经系统功能，使神经系统的兴奋和抑制过程正常化。负氧离子可提高脑啡肽水平，增强其功能，从而调节中枢神经的兴奋和抑制过程，改善大脑皮质功能，缩短感觉时值和运动时值，对精神起镇静作用并可消除疲劳。人吸入3.5×10^5个/cm^3负离子后，脑电图α波由原来的10~11Hz/s减为8~9Hz/s，幅度增加20%，暴露在含7×10^5个/cm^3负氧离子空气中的大鼠，可改善其由于注射吗啡(<1.0mg/kg)引起的中枢神经抑制作用。老年人的脑细胞随着年龄增加，负电量减少而逐渐衰老死亡，记忆下降，反应迟钝、健忘，严重的还会发展到老年痴呆症。高浓度负离子可激活细胞，延缓脑细胞衰老死亡，改善记忆力和预防老年痴呆。

(二)心血管和血液系统

负氧离子具有加强新陈代谢，促进血液循环，使血红细胞带电量增加，血小板和血蛋白增加，红细胞上升，白细胞减少。负氧离子能刺激造血功能，促进血红细胞、血红蛋白合成，并改善心脏泵功能，从而提高血液输氧能力。负氧离子具有刺激骨髓造血功能，促进异常血液成分处于正常的作用；负氧离子可使血沉减少、血清Ca增加、血清K减少、血液凝固减弱和白细胞增加等等，都说明了负氧离子能有效增强人体造血功能，促进血液正常化，对血液疾患康复具有良好的作用。高浓度的负氧离子，能迅速补充增大血液细胞膜电位，使每个红细胞都达到负电10mV的电量，同极斥力，使红细胞间保持一定距离，处于健康的分散游离状态，将附着在红细胞表层和血管壁上的脂质、毒素和胆固醇等血液垃圾剥落，排出体外，对血液进行彻底清洗。血净病除，高血压等疾病"自然痊愈"。据测定，吸入2000~3000个/cm^3的空气离子，可使心电图Q-T间期延长。负氧离子可使心率减慢，使高血压患者的血压趋于正常。高浓度负氧离子能及时补充血红细胞膜电位，增大血红细胞负电量，使得每个血红细胞有足够的负电位使各个细胞间产生同极斥力，迅速改变血液黏度，恢复红细胞的变形能力，促进血液循环，保持微循环系统血液通畅。另外，负氧离子使血管扩张，改善循环系统功能。

（三）呼吸系统

血氧饱和度是反映血液含氧量的重要参数，是判断人体呼吸系统、循环系统是否出现障碍或者周围环境是否缺氧的重要指标，这个值越高说明环境对人体越有利。负氧离子对呼吸系统的影响最明显，这是因为负氧离子是通过呼吸道进入人体的，它可以提高人的肺活量。肺是负氧离子的主要作用部位，负氧离子可促进肺内皮细胞清除5-羟色胺使之转变为5-羟吲哚乙酸。有人曾经试验，在玻璃面罩中吸入负氧离子30分钟，可使肺部吸收氧气量增加20%，而排出CO_2量可增加14.5%，故负氧离子有改善和增加肺功能的作用。负氧离子可使动物气管壁松弛，加强管壁上呼吸道纤毛活动，使腺体分泌增加，从而提高平滑肌张力，改善呼吸系统功能，降低呼吸道对创伤的易感性。临床应用可见呼吸系统疾病患者经负氧离子治疗后免疫球蛋白A，免疫球蛋白M和补给增加。

（四）内分泌系统

负氧离子加速肝、肾、脑等组织的氧化过程，并提高其功能。研究表明负氧离子具有类似激素样作用，正离子效应与糖皮质激素相似而负氧离子则与盐皮质激素类似。长期在负氧离子空气环境中饲养的动物其肾上腺重量减轻。

（五）免疫系统

负氧离子能激活细胞，增强细胞膜通透性，提高新陈代谢，及时排除体内毒素、垃圾；提高免疫力和抗病能力，使人感到轻松、爽快，振奋精神，充满活力。负氧离子能提高机体细胞免疫和体液免疫功能，增强巨噬细胞的吞噬率，增加血液中γ-球蛋白含量，提高试管内淋巴细胞存活率。对创口患者，负氧离子可促进其上皮增生、伤口愈合。

（六）其他

负氧离子能促进细胞生物氧化过程，增强呼吸链中的触媒作用，提高基础代谢率，促进生长发育。在负氧离子影响下，受试者时间反应速度提高，语言识别能力增强。对血清素水平过高的内向型儿童，负氧离子可改善其行为过程，包括活动水平、注意力、方向识别等能力。另外，负氧离子本身携带多余电子，会破坏细菌病毒等微生物的分子蛋白结构，使其产生结构性改变或能量转移，从而使细菌、病毒等微生物死亡。研究表明在含有 $5\times10^5 \sim 5\times10^7$ 个/cm^3 负氧离子的空气中培养的葡萄球菌、霍乱弧菌、沙门氏菌等生长缓慢。

三、浓度与人体健康

研究表明，当负氧离子浓度达到 700 个/cm^3 以上时有益于人体健康，达到 1000 个/cm^3 以上则可以治病，而低于 200 个/cm^3 时身体容易陷入亚健康，在 50 个/cm^3 以下易诱发心理性障碍疾病，甚至癌症。近年来的许多研究表明，负氧离子具有调节神经系统，促进血液循环，降低血压，治疗失眠症和镇静、止咳、止痛等多种疗效。世界卫生组织曾发布过相关数据，清新空气的负氧离子标准浓度为 1000~1500 个/cm^3。空气中负氧离子浓度达到 5000~5 万个/cm^3，能增强人体免疫力；达到 5 万~10 万个/cm^3，能消毒杀菌、减少疾病传染；达到 10 万~50 万个/cm^3，能提高人体自然痊愈能力。

森林的植物是负氧离子的自然发生器，据测定，在森林中空气中的负氧离子高达 2000~3000 个/cm^3，例如，浙江省天目山林间测定为 2200 个/cm^3，一般在空气中负氧离子含量为 1000 个/cm^3，而重工业区只有 220~400 个/cm^3；厂房内 25~100 个/cm^3。在森林覆盖率 35%~60% 的林分内，负氧离子浓度最高；而森林覆盖率低于 7% 的地方，负氧离子浓度为上述林地的 40%~50%。尤以森林峡谷地区，峡谷内有较大面积水域时，则空气中负氧离子含量最高。据国内外研究表明：负氧离子浓度高的森林空气可以调解人体内血清素的浓度，有效缓和"血清素激惹综合征"引起的弱视、关节痛、恶心呕吐、烦躁郁闷等，能改善神经功能，调整代谢过程，提高人的免疫力，使人感到清新、舒适。负氧离子浓度高的森林空气能成功地治疗高血压、气喘病、肺结核以及疲劳过度；对于支气管炎、冠心病、心绞痛、神经衰弱等 20 多种疾病，也有较好的疗效。此外，负氧离子还具有杀菌、降尘、清洁空气的功效，因此对人体健康十分有益，其浓度水平已成为评价一个地方空气清洁程度的重要指标。

负氧离子被誉为"空气中的维生素"。负氧离子已被医学界公认为是具有杀灭病菌及净化空气能力的有效武器，并且，利用负氧离子进行疾病疗法不仅能够使氧自由基无毒化，也能使酸性的生物体组织及血液和体液由酸性变成弱碱性，有利于血氧输送、吸收和利用，促使机体生理作用旺盛，新陈代谢加快，提高人体免疫能力，增强人体免疫力及抗菌力，调节肌体功能平衡。

四、影响负氧离子浓度的因子

负氧离子受不同植被类型、地理位置、气象因子、纬度和海拔、水体等的影响，并且对同一地点不同时间段和不同季节，负氧离子也呈现出一定的差异。植被、气候、立地条件等因素通过影响光合作用、空气交换等方式调控着负氧离子浓度。

（一）林分因子

植物能够通过光合作用产生高浓度的负氧离子，在短波紫外线的作用下，植物叶表面发生光电效应，使负氧离子增加。并且导体尖端的电荷特别密集，在强电场作用下，就会发生尖端放电，而叶片的尖端放电功能，使空气发生电离，增加了负氧离子浓度。在相同叶量的前提下，针叶树叶片具有较高比例的表面积，所以更有利于负氧离子产生。从叶尖端放电理论来看，具有针状叶片的植物更有利于负氧离子产生。植物资源密度越大，总叶片面积越大，越有利于负氧离子产生。并且有植物覆盖的土壤孔隙较大，有利于土壤中的放射性气体和土壤空气中的负氧离子逸至大气中。

林分生命力越旺盛，代谢功能越强烈，负氧离子浓度越高。对于同一林分类型，郁闭度、林龄不同，负氧离子浓度不同。群落层次结构不同，负氧离子浓度不同，乔灌草复层结构显著高于灌草结构和草坪。在单层绿化结构中，负氧离子浓度乔木大于灌木大于草被；在双层绿化结构中，负氧离子浓度乔灌型大于乔草型大于灌草型。

不同林型，负氧离子浓度不同，针叶林中空气的负氧离子年平均浓度高于阔叶林，这是由于针叶树树叶呈针状，等曲率半径较小，具有"尖端放电"功能，使空气发生电离，提高了空气中的负氧离子水平。有研究表明针叶林和阔叶林负氧离子浓度具有季节差异，春夏季阔叶林的浓度较针叶林高，秋冬季则相反。也有研究表明，林分结构类似的针叶林和阔叶林负氧离子浓度并无显著差异，只是负氧离子浓度高峰的出现时间不同。因此，关于针叶林与阔叶林对负氧离子的影响结果因测定季节、林龄、林分结构、林分生长状况等而异。

（二）气象因子

由经纬度和海拔控制的气温、光照、降水等气候特征通过对林冠光合固碳能力和生产力的影响直接控制着负氧离子浓度。另外，空气中的负氧离子浓度也会随天气变化而变化。一般情况下，晴天的负氧离子含量明显高于阴天，这是由于晴天阳光强烈，植物的光合作用比较明显，并且丰富的紫外线有助于植物产生负氧离子。

空气温度和湿度也是负氧离子浓度的重要影响因素。研究表明，负氧离子浓度与空气温度呈显著负相关，而与空气相对湿度呈显著正相关，低温高湿的环境有利于负氧离子的产生。另外，雾对负氧离子也有显著的影响，有学者认为负氧离子与雾呈负相关关系，即雾越大，负氧离子浓度越低。这主要是由于空气中的小离子以雾的凝结核为中心聚集成大离子而降低。负氧离子还与正面风速呈正相关。

(三) 其他因子

土壤类型、海拔、坡向等都会影响负氧离子浓度。不同形态的水景周围负氧离子浓度差异较大，其中，动态水周围的负氧离子浓度大于静态水，瀑布产生的负氧离子浓度大于跌水，跌水大于溪流。另外，人群密集的地方负氧离子浓度较低，这是由于人为活动干扰，空气中尘埃和 CO_2 等浓度较高，这些物质对负氧离子具有吸附作用，吸附后随同污秽物形成的重离子而沉降。

第三节　绿视率

人对色彩十分敏感，人睁开眼睛通过色彩认知世界。过去许多研究都发现颜色影响到我们的思想、行为和健康。了解色彩的功能特性，加以正确运用，有助于调节人的情绪、缓解疲劳，有助于恢复身心健康。景观本身就是多姿多彩的环境，有针对性的处理色彩，协调整体环境，对疗养空间来说十分重要。

人类眼睛的视感度——灵敏度，可见光线的波长范围是 $400\sim750\mu m$，对其中 $556\mu m$ 的光区域最为敏感，绿色对人的心理、生理和精神有着积极作用。歌德认为绿色能给人一种真正的满足，因为"当眼睛和心灵落到这片混合色彩上的时候，就能安静下来。在这种宁静中，人们再也不想更多的东西，也不能再想更多的东西"。康定斯基也认为"绿色具有一种人间的、自我满足的宁静，这种宁静具有一种庄重的、超自然的和无穷的奥妙"。纯绿色是"大自然中最宁静的色彩，它不向四方扩展，也不具有扩张色彩所具有的那种感染力，不会引起欢乐、悲哀和激情，不提出任何要求"。

森林具有较高的绿视率。绿视率即绿色面积占视域面积的百分比，当绿视率达到25%时能对眼睛起到较好的保护作用。森林的绿色视觉环境，会给人的心理带来许多积极的影响，使人在绿色视觉环境中产生满足感、安逸感、活力感和适应感。据调查，绿色是自然界很柔和的颜色，人在绿色的环境中，能一定程度减少人体肾上腺素的分泌，降低人体交感神经的兴奋性，不仅使人感到舒适、惬意，有助于消除疲劳和精神压抑，而且还使人体的脉搏回复率提高2~7倍，脉搏次数每分钟明显减少4~8次，呼吸慢而均匀，血流减慢，心脏负担减轻，能增强听觉和思维活动的灵敏性。对于长期生活在紧张生活中的人，通过森林疗养可在身体和心理上得到调整和恢复。科学家们经过实验证明，绿色对光发射率达30%~40%时，对人的视网膜组织的刺激恰到好处，它可以吸收阳光中对人体有害的紫外线，降低人体肾上腺素的分泌量，进而使人体交感神经的兴奋性有所下降，使血流减缓，呼吸均匀，并有利于减轻心脏病和心脑血管病的危害。还可借助绿色的作用调节人的神经系统，使大脑皮质和视网膜组织借助光学作用来调节内脏器官，从而达到消炎利尿的目的。绿色植物能安定人的神经使人情绪稳定，森林中舒适宜人的气候可调节神经系统功能，改善呼吸、循环、消化等功能，促进新陈代谢和增强免疫能力，使人心情舒畅，精力充沛，提高工作效率。强光辐射污染是居住在城市中人视网膜疾病和老年性白内障的重要杀手，森林通过绿色的树枝，吸收阳光中的紫外线，减少其对眼睛的刺激，可使疲劳视神经得到逐步恢复。另外，森林环境能显著提高视力，有效预防近视。

第四节　声环境

喜欢森林的朋友都清楚，大自然中声波悦耳，它能够帮我们愉悦心情。可是，这究竟是怎样一种机理呢？要了解其中机理，我们需要先来认识下"功率谱密度"。声音是以波的形式传播的，而波是一种能量。与电灯每小时消耗多少电（功率的概念）一样，"单位频率波的能量"就是功率谱密度。如果根据功率谱密度和频率特点对声波进行分类，第一类是功率谱密度与频率保持固定比例，假如以频率为横轴、功率谱密度为纵轴作图，将呈现平行横轴的一条直线。这类声音被称为"白噪声"，高速公路上车胎摩擦声就是典型的白噪声。第二类是功率谱密度与频率没有任何关系，学者把这类杂乱无章的声音称为"布朗噪声"。第三类声波是功率谱密度与频率（f）成反比，所以被称为"$1/f$ 波动"，它能给人带来美感和放松。研究发现，森林中的鸟鸣、微风下的松涛、山涧的溪流、燃烧的火苗以及脚下落叶沙沙作响都是"$1/f$ 波动"，它与大家在愉快安静时的心跳、脑波等周期性变化节律相吻合，因而能够使人感到舒适、安全和满足。$1/f$ 波动符合人体对刺激的反应规律，使人在接受刺激的过程中不感到恐惧和紧张，反而会有轻松甚至甜美的感觉，所以具有恢复生理节律和身心平衡的作用。

森林作为天然的消声器有着很好的防噪声效果。实验测得，公园或片林可降低噪声 5~40dB，比离声源同距离的空旷地自然衰减效果多 5~25dB；汽车高音喇叭在穿过 40m 宽的草坪、灌木、乔木组成的多层次林带，噪声可以消减 10~20dB，比空旷地的自然衰减效果多 4~8dB。城市街道上种树，也可消减噪声 7~10dB。要使消声有好的效果，在城里，最少要有宽 6m（林冠）、高 10m 的林带，林带不应离声源太远，一般以 6~15m 间为宜。

从广义上说一切不需要的声音，也可以指振幅和频率杂乱，断续或统计上无规律的声振动均称之为噪声。现代社会中，噪声对人们健康的危害以及对大脑引起的疲劳和破坏日益严重，因此噪声已经被认为是一种严重的环境污染，被列为环境公害之一。噪声对人体的认知能力有消极的影响，可使人产生烦恼、焦虑、愤怒、敌对、抑郁的感觉，使睡眠中的人觉醒、记忆力下降、工作效率低下，甚至可塑造矛盾、情绪化、悲观的人格。

据统计，在世界一些国家的城市中，噪音年年增强，过去30年间，一些资本主义国家的大城市所产生的噪音，平均增长了8倍。研究表明，当噪音为90dB时，人们视网膜中视杆细胞区别光亮度的敏感性开始下降，识别弱光的反应时间延长；达到95dB时，瞳孔会扩大；达到115dB时，眼睛对光亮度的适应性会降低。长期接触高强度的噪声，不仅使听觉器官受损，同时对中枢神经系统、心血管系统、内分泌系统及消化系统等均有不同程度的影响。在噪声环境下工作，人容易感到烦躁不安、容易疲劳、注意力难以集中、反应迟钝，差错率明显上升，所以噪声影响工作效率，降低工作质量。而森林中安静的环境可平复人体烦恼紧张的情绪，使人心情愉悦。

森林如同一道绿色的"墙壁"，对噪声有很强的防护作用，它是天然的消声器。它有着高大而厚实的树冠层，可以吸收和消除噪声。森林面积越大，林带越宽，消除噪声的功能越强。其途径有以下4种，①树木枝密叶稠，它的柔枝嫩叶，犹如少女的青丝，又似婴儿的笑脸，具有轻、柔、软的特点。一排排树木枝叶相连，构成了巨大的绿色"壁毯"，垂挂在天地之间。声波遇到坚硬、光滑的表面，有着很强的反射力；遇到轻、柔、软的表面，大部分能量会被"壁毯"吸收，反射出去的声波则很弱。②树木的枝叶，纵横交错，层层叠叠，方向不一。声波遇到光滑的平面后，向着一定的方向反射，声波相应就强。声波遇到不规则的表面后，就会产生乱反射，使声波由整化零，越来越小。树干是一个圆形粗糙的表面。声波遇到圆形粗糙表面后，一部分被吸收，另一部分向各个方向反射出去，也减弱了声波的强度。③树木的枝叶轻软，在风吹下经常摆动不止，摆动的枝叶对声波有着扰乱和消散的作用。④树群、森林是一个群体结构，株数多，叶层厚。当声波进入树群和森林后，往往要经过吸收、反射、再吸收、再反射的过程，稠密树枝会反射声波多次吸收、多次反射，使声波能量逐渐消失。因而，人们称森林和树木是绿色的"消声器"。

森林是"天然消音器"，能消除或大大改善由于长期生活在噪音环境中所致的中枢神经和自主神经功能紊乱。据测定，40m宽的林带可减低10～15dB，30m宽的林带可减低6～8dB，公园中成片的林木可减低26～34dB。由于森林具有这种"天然消音器"的作用，可使常年生活工作在城市噪音环境中的居民，在森林环境中得到疗养，在身体上得到休息和调整。并且森林中的自然声音（如蝉鸣、流水等）能给人以美的感受，而城市中汽车等人工声音会让人感觉嘈杂或不舒服。

另外，在健康中国的大背景下，森林不仅作为城市的绿色屏障，还为城市居民提供了放松身心的理想场所。声环境影响着森林的生态效益和森林康复性景观的相关指标,是森林疗养基地建设发展中需要考虑的重要因素之一。在松涛、鸟鸣的森林背景乐中,人很容易打开"五感",负能量也很容易释放。早在两千多年前的中国医学巨著《黄帝内经》中就记载着:"肝属木,在音为角,在志为怒;心属火,在音为徵,在志为喜;脾属土,在音为宫,在志为思;肺属金,在音为商,在志为忧;肾属水,在音为羽,在志为恐"。角、徵、宫、商、羽五音称之为"天五行"。生理学上,当音乐振动与人体内的生理振动(心率、心律、呼吸、血压、脉搏等)相吻合时,就会产生生理共振、共鸣。森林中鸟类、蛙类、蝉类、虫类、山羌、猕猴、飞鼠、溪流等多种自然声音能镇静人的情绪,松弛我们的身心,使我们躁动的灵魂得到最温柔的抚慰。

第五节 氧气

森林中一切绿色植物,以人在呼吸过程中排放出来的 CO_2 为"食物"转化成氧气,而氧气则是人类赖以生存的物质。在 CO_2 浓度较低条件下,随呼吸进入人体内的 CO_2 较少,体内 CO_2 排出也比较顺利。大气中 CO_2 浓度达到0.05%时,人的呼吸就会感到不舒适;二氧化碳浓度上升到4%,人就会感到耳鸣、头痛、头晕、呕吐、脉搏缓慢、血压增高等。

人类的生存离不开氧气。人几天不吃不喝还可以生存,但无氧几分钟就可能昏迷,十几分钟就可能休克甚至死亡。整个身体,就是一个储存氧气的容器。水、血液、蛋白质都是氧气的载体。血液中如果缺氧,心脏就会持续跳动加快,血压就会升高、血管的压力增加,脑出血中风就可能随时发生,而血氧充足就会使人精神饱满。蛋白质的重要功能也就是携带和储存氧气,如果环境本身缺氧,那么即便蛋白质供应充足也无法发挥功能。身体释放能量,无论由蛋白质、脂肪还是碳水化合物转化而来,都需要消耗大量的氧气。在缺氧状态下,木炭、木材、石油的燃烧都会释放大量的毒气,而氧气充足就不会。蛋白质、脂肪还是糖类在缺氧状态下的燃烧,情况也一样,将产生大量的自由基,导致机体的衰老和变异。糖的无氧酵解是诱发癌症的一个非常重要的因素,而缺氧也将使糖难以被利用。如果细胞缺氧,葡萄糖不能有效转化成能量,将会造成细胞缺乏三磷酸腺(ATP),导致细胞饥饿,因此细胞必须获得大量的葡萄糖以求生存,而葡萄糖在缺氧状态下会释放出大量的乳酸,导致酸中毒以及正常细胞死亡。并且细胞缺乏ATP,会显著改变每一细胞在血流和在细胞周围体液的钠钾平衡,人体矿物质就开始"流出"到细胞周围,导致"矿物质沉积",如沉积在关节上发生关节炎,在眼睛周围就产生白内障,在动脉周围就产生动脉硬化,肌肉则会因缺ATP而引发肌肉痉挛或反应迟缓。有研究表明缺氧和疾病之间的关系是："缺氧表示缺少生物能量，就可造成轻微疲劳到有生命威胁的各种可能疾病。缺氧和疾病之间的关联性现在已被牢牢的确认了。"

当一个人出现精神差、打哈欠、整天感觉疲倦、无力、记忆力变差、注意力不能集中、工作能力下降、失眠、痴呆等这些症状就预示其神经系统可能出现了缺氧。例如打哈欠几乎是人人都有的经验，打哈欠这一个生理反应。当氧气不足到达一定程度，身体自然会将信息传到脑部，再通知肺部，该深呼吸了，这就是打哈欠引发的原因。另外，睡眠不足时，脑部没有得到充分的休息，因此需要更多的氧气来清理脑部，这时也会引发不自主的打哈欠。当一个人经常出现头晕、心慌、胸闷、憋气、血压不正常、面色灰暗、眼睑或肢体水肿等这些症状就预示其心血管系统可能出现了缺氧。例如人为什么会出现头昏？根据测量，脑部的血流量占心脏输出量的15%，而耗氧量则为总耗氧量的23%，比人体平均耗氧量高10倍有余，尤以大脑皮质和小脑灰质耗氧最多。因此，耗氧越多的组织细胞，对氧的依赖性就越大，对缺氧也就越敏感了。明显地，如果脑部的供氧量不足，肯定会影响脑部的正常运作，在缺氧较轻微时，脑部的运作会有初步的障碍，思考、记忆等能力也会受到影响，这就是"头昏"。当一个人的食欲变差、经常便秘、胃胀痛、烦躁、易感冒等这些症状就预示其胃肠、内分泌系统可能出现了缺氧；当一个人容易抽筋、腰腿酸痛或关节痛等这些症状就预示其肌肉骨骼系统可能出现了缺氧；当一个人容易口腔溃烂、咽喉发炎、牙龈出血、头皮屑多、皮肤苍白、伤口不易愈合等这些症状就预示其皮肤黏膜可能出现了缺氧。

森林被称为"地球之肺"，像一座无声的吸碳制氧厂，自动调节空气中氧气和 CO_2 的浓度。森林中植物通过光合作用能吸收 CO_2，释放氧气。森林中林木每生长 $1m^3$ 的蓄积，大约可以吸收 1.83t 的 CO_2，放出 1.62t 的氧气。据估计，$1hm^2$ 阔叶林在生长季节，每天消耗 1t CO_2，释放 0.75t 氧气；$10m^2$ 的林木一天可吸收 0.9kg CO_2，释放出 0.75kg 的氧气，可满足 1 位成年人一天的呼吸生理需要。$1hm^2$ 的阔叶林，生长季节每天能吸收 CO_2 1000kg，释放出氧 750kg。医学研究证明，高浓度给氧主要用于病人的急救，如呼吸、心脏骤停，不适宜长期氧疗和氧保健。长时间、高浓度的氧气吸入可导致肺实质的改变，如肺泡壁增厚、出血等，发生氧中毒。吸氧浓度大于 40% 且吸氧 24h 以上，即可发生氧中毒。人体处于氧气浓度不足 18% 的环境下会有脉搏加快、头疼、恶心、反胃、集中力下降、浑身无力、目眩、体温上升等症状。在 30% 氧浓度的环境下，人体的体力机能、大脑智力、血氧浓度达到最佳状态。因此，医学界将 30% 氧浓度的氧气称之为"生命级富养"。森林中的氧气浓度一般都在 26%~30%，属于"生命级富养"，长期吸入可防病治病，有利健康。

第六节　大气环境

2016年我国开始实施修订版的《环境空气质量标准》，其中，就增加了大气$PM_{2.5}$监测指标。现有研究证实，森林可通过覆盖地表减尘、叶面吸附滞尘、降低风速促进沉降、改变风场阻拦等途径，体现降低大气颗粒物（尤其是$PM_{2.5}$）危害的滞尘功能，使空气悬浮颗粒浓度减小。

森林是净化空气的"机器"。森林中的空气比城市、农村和其他陆地的空气质量高，它含尘量少、含有害菌量少、有害气体少、负离子多。植物有很强的降尘作用，对空气有净化作用。植物的滞尘作用，就在于它有特殊构造的叶子和惊人的全部叶面积。当气流经过树林，空气中的部分尘埃、油烟、炭粒、铅、汞等致病、致癌物质就被植物叶面上的绒毛、皱褶、油脂和黏液吸附，从而减少可吸入颗粒在人体肺泡中沉积，降低其对人体健康的危害。叶片表面粗糙、分泌物丰富、叶面积系数高的树种，会具有较好的吸滞大气颗粒物的功能。据统计，每公顷阔叶树林每年可吸掉68t尘埃。此外，森林中树木的枝干、叶片可大量吸附尘埃，使空气中的飘尘减少50%以上，所以说，森林是庞大的天然"吸尘器"。张家界森林公园的杉木幽径的游道空气中每立方米含尘量为$2.22×10^8$个，阔叶林景点中含尘量为$0.81×10^8$个，而空旷地游人食宿中心为$5.32×10^8$个，大庸市汽车站为$3.85×10^8$个，相差6.5倍。

在被污染的大气中，除了有可吸入颗粒物等有害物质外，还有不少其他有毒物质。危害较大的有二氧化硫、一氧化碳、氯化氢、氟化氢、硫化氢、氮氧化物等。这些物质，在空气中的含量过多，有害于人们的健康，甚至威胁着人们的生命。据测定，空气中二氧化硫的浓度达到1%时，人们就很难再坚持工作，达到10%~40%时，就可以使人迅速死亡。有害物质浓度过大，或因光化学作用产生的各种毒性物质，都会使人引起各种严重疾病，或导致死亡。森林有特殊的吸毒功能，它们不仅能吸收各种有毒物质，而且能同化各种有毒物质。森林吸收空气污染物的研究很多，主要通过叶片吸收。如柳杉、日本扁柏、赤松、冷杉、桦树、樱桃树种能吸收空中的二氧化硫；铁树、美洲大槭、榉等树种能吸收空中的二氧化氮；栓槭、挂香柳、加拿大杨等树种能吸收空气中的醛、酮、醚和致癌物质安息香吡啉等毒气。

另外，很多研究表明，植物可以减少空气中的细菌含量。由于林地上空粉尘少，减少了黏附其上的细菌；另外，还有许多植物本身能分泌一种杀菌素而具有杀菌能力，松林放出的臭氧能抑制和杀死结核菌，对哮喘、结核病人有一定疗养功能。

第七节 小气候

森林小气候指森林空间里的气候条件与大气候不一致的现象，它是大气候与森林以及树冠下的灌木丛、草被等相互作用的结果，包括温度、湿度、风、降雨等因子。光照、降水等在进入森林后进行了重新分配，使得林内与林外相比，热量和水分的交换在时间和空间上与空旷地相比发生了显著的改变。林内与林外比，林内具有日照弱、日照少，气温低、气温变化较为平缓，相对湿度大，静风频率大、平均风速小，气象景观丰富等特点，容易形成小气候。

地面是人们活动的主要场所，近地面空气层的冷热直接影响着人们的生活和生产活动。太阳辐射通过大气层后，约有50%被吸收，余下的一半到达地球表面。紫外线中波长小于290nm的被臭氧层吸收。在到达地球的太阳辐射中，红外光（infrared light）占50%~60%；紫外光（ultraviolet light）占1%~2%；可见光（visible light）占38%~49%。地球上的建筑物、道路、岩石、土壤、金属制品等，受到太阳辐射。由于这些物体本身没有固定和转化能量的功能，因而把接受的能量又重新散发到大气中去温度升高。大地增温后又以长波辐射的形式把热量传递给近地面大气，使气温升高。

树木对热辐射具有很好的吸收作用。单层叶片能吸收掉50%以上的辐射热，而树木，尤其是森林，对温度的影响就更大了。天然的森林群落，是一个复杂的生物群体。一般有乔木、灌木、草本等3个层次，多者可达5~6层，每个层次都具有吸收能量的作用。当太阳辐射达到森林上部时，大约有10%的能量被反射，8%以上的能量被各林层吸收，到达林地上的能量只有5%左右。从林冠顶部到地面，太阳的热辐射逐次减少，相应地气温也逐次降低。由于林冠对太阳辐射的强烈吸收和反射，林内与林外相比，日照时数减少30%~70%，光照强度减弱31%~92%，太阳总辐射通量密度减小23%以上。林冠郁闭度越大，对太阳辐射和光照的削弱越强；林冠层结构复杂、层次越多，对太阳辐射和光照的削弱越强。因此，森林对太阳辐射具有很高的吸收能力，在整个生长季节森林有着强大的调温功能。

由于林冠层削弱了林内的太阳辐射、降低了地面的长波辐射，导致林内外温差明显。一年中，春季白天林中获得充足的太阳辐射，此时林中乱流交换较弱，所以使林中气温比林外高，夜间林中乱流减弱，而夜间的辐射冷却林冠上冷空气，使林中气温低于林外。夏季，由于树冠稠密，森林中总辐射到达量比林外总辐射到达量小得多，因此林冠下夏季白天气温低。在缺乏森林植被保护的裸露地，夏日太阳辐射直达地面，地面吸热后增温，并释放长波辐射，使近地表的气温升高。因而白天的最高温度出现在地表和近地表的空气中，会使人感到酷热难忍。待到夜晚，地表冷却，使近地表层的气温降低，最低温度出现在地表和近地表的空气中，形成昼夜温差悬殊，忽热忽冷，使人感到不适。由于森林林冠层的作用，夏季晴天，林内的日平均气温比外界低 3.7~9.1℃，阴天低 1.7~6.5℃，并且夏季夜间林中温度仍低于林外。因此，森林中夏季日变化缓和，气温日较差小。秋季，林中气温变化近似于春季。冬季林中气温不论昼夜均高于林外气温，但是相差很小。冬季林中温度高于林外，夏季林中温度低于林外，使林中气温常年比林外气温的年较差小，气温变化平稳。

另外，森林是地表与大气之间的一个绿色调温器，它不仅对林下的小气候具有调节作用，对森林周围的温度也有很大影响，它的存在对人的生活和其他生物的生长都是有利的。夏季，林内气温比林外气温低，林内外空气因温差形成循环，使林区周围的气温降低；冬季，林内气温比林外高，林内外空气的循环，使林外的气温升高，也能减轻林外的低温危害。并且，森林也可缓和气温，使林区上空和森林表面之间的温差变小，不易形成急剧上升气流，从而减少灾害性天气。

由于林内风速及乱流交换较弱，植物蒸腾和土壤蒸发的水蒸气能较长时间停滞在近地面层空气中，加之林冠层的遮盖作用，与林外相比，使得林内的空气相对湿度大。如张家界境内年平均空气相对湿度 87%，夏季晴天为 87%，阴天为 98%，夜间达 90% 以上，比外界高 11%。

林冠层迫使气流分散、消耗动能，阻挡了林内气流流动，降低水平风速并削弱近地面层空气湍流交换的作用强度。一般林内风速比林外风速减小 1m/s，加上林内湿度较大，使得林内的蒸发量比林外低 3mm 左右。森林内雾、霜、雨凇的凝聚量比林外多，使林区的水平降水量有所增加。并且森林中千姿百态的云雾，变幻奇特、美妙壮观，成为特有的气象景观，增添了森林的美感。优越的森林小气候孕育了绚丽多姿的气象景观，提高了森林的美学价值。森林舒适宜人的气候，可改善神经、呼吸、循环、消化等系统功能，促进新陈代谢和增强免疫力，使人心情舒畅，精力充沛，提高工作效率。

森林中温度舒适，许多人愿在夏季到森林中避暑。森林及地貌组合成的森林气候因具有温度低、昼夜温差小、湿度大、云雾多等气候特征适宜于人类生存。另外森林中相对湿度较高，平均辐射热和风速较低。并且森林的存在能大量地制造人类生存所必需的氧气，有效地降低太阳辐射和紫外线对皮肤的危害，减少皮肤中因直射光而造成色素沉积。此外，森林舒适的环境对荨麻疹、丘疹、水疱等过敏反应也具有良好的预防效果。据人口普查资料显示，我国多数长寿老人和长寿区，大都分布在环境优美、少污染的森林地区。法国的朗德森林是在这方面的一个突出例子,这个地区的居民在营造海岸松林分之后,平均寿命有所增长。虽然寿命增长是必然的,但增长得非常突然,于是人们普遍认为长寿是由于森林的直接影响。因此,有些资料表明,只要深入森林100m以内散步或停留,就能真正地享受到森林空气,身心得到疗养,常常到林中散步,能够延年益寿。

第三章

森林疗养与人体健康

第一节　森林环境与生理健康

中医著作《黄帝内经》中指出人体所处的环境对人体健康有相当的影响力，且古代的风水学理论中表明最佳人居环境之一便是背山依水、依山傍水。影响人体健康的因素有很多，自然环境是影响人类健康的决定性因素之一，良好的自然环境不仅能提供人体所需的物质基础，还能提供给人们愉悦的休息空间。森林作为自然环境的重要组成部分，具有吸收 CO_2 并释放氧气、吸毒、除尘、杀菌和降低噪声等作用，还可以释放出对身体有益的稀有物质。人体生理学包括3个不同水平的研究工作。一是整体水平的研究，主要研究完整机体对环境变化的适应和反应，以及整体活动中各机能系统活动的调节机制；二是器官系统水平的研究；三是细胞分子水平的研究，森林环境对人体生理健康的影响是各类保健资源的综合效应。

一、森林环境对生理放松的作用

日本科学家于2005—2006年进行了生理实验研究，通过测试被测试对象在森林观赏行走前后的唾液皮质醇、血压（BP）、脉搏率、心率变异性（HRV）指标与RR间隔，得到如下结果：与城市环境相比，森林环境有利于降低皮质醇浓度、心跳速度、血压，提高副交感神经活动，降低交感神经活性。与城市地区相比，在森林区域受试者的唾液皮质醇明显降低，平均脉率在森林区域明显降低，平均收缩压在森林区域明显降低。当人们感到轻松时，HRV高频部分的平均功率增加。

内分泌应激系统包括两个组成成分。从解剖学上来说，它们是中枢互联的，即交感肾上腺髓质轴（SAM）和下丘脑-垂体-肾上腺轴（HPA）。SAM轴参与直接交感神经活化，准备处理个人的紧张刺激，导致心率（HR）增加和血压上升。皮质醇是HPA轴应对压力释放的激素。当受试者观赏周围森林景观或步行时，他们的脉搏率、血压、皮质醇浓度下降。表明森林疗养是影响内分泌应激系统的主要组成部分。所有的指标基本相互吻合，说明森林环境对人体有放松和减压作用。研究结果与普遍认为的一致，表明森林环境有助于身体放松。在过去500万年中，人类大部分时间居住在自然环境中，因此，他们的生理功能很适应自然环境。这是自然环境放松人类身体和精神的原因之一。

生理实验的结果可以解释森林环境和人类的松弛效应之间的关系。加拿大的研究者曾在医院做过这样的实验：将一半病房的混凝土墙壁贴上了雪松板材和稻草壁纸，另外一半病房保持原状作为对照。通过大样本统计发现，住在改造后病房患者的紧张水平显著低于对照。在安大略省，精神疾病患者更换到用木材装修的新医院后，患者平均药费支出显著减少。这说明木材对病人起到了放松作用，无形中降低了病人的紧张感。

一些学者以小白鼠为对象进行实验发现：与城市环境相比，小白鼠在开阔的森林空间的活动时间更长，反映出小白鼠紧张程度和认知能力受到了森林环境的影响。中国林业科学研究院王成研究团队的一项研究也发现，森林疗养对改善小白鼠精神状态、提高小白鼠记忆力和认知能力有很大帮助。在同样的饲养条件下，森林环境中的小白鼠平均体重要明显高于对照鼠。森林环境中的小白鼠"心宽体胖"。与此同时，进入森林环境之后，小白鼠的排便粒数逐渐减少，这对森林环境能让小白鼠的精神放松也是有效的证明。通过以上学者与科学家的研究，说明森林环境对人的生理方面有放松和减压作用。

二、森林环境对人体免疫系统的作用

人体免疫系统由免疫器官和免疫细胞构成，具有免疫监视、防御和调控的作用。日本医科大学做过一个实验，受试者为12名37~55岁的健康男性，受试者在长野县饭山市接受了3天2晚的森林疗养，疗养课程只是住宿和森林漫步，结果发现受试者体内的自然杀伤细胞（natural killer cell，NK）数量和活性都有显著提高。自然杀伤细胞是癌细胞的克星，自然杀伤细胞能够控制住癌细胞的数量，人体就平安无事。日本医科大学还做了一个补充实验，同样的人、同样星级的酒店、同样的漫步方法，受试者在名古屋接受了3天2晚的城市旅行，结果发现受试者体内的自然杀伤细胞的数量和活性都没有变化。以李卿为中心的日本森林综合研究所于2004年开展了森林医学研究证实，森林疗养可以预防癌症，增强免疫系统的功能。大量研究表明，NK细胞能够诱发癌细胞的凋亡，NK细胞活性高的人，癌症发生率低。NK细胞和T细胞、B细胞等其他免疫细胞有所不同，它不能在抗原作用下增殖，所以没办法接种疫苗。

李卿等人研究发现，森林浴之后，在人体血液中，不仅NK细胞活性得到显著提高，颗粒酶、穿孔素等抗癌蛋白的数量也大幅增加。这就为"森林浴预防癌症"提供了最直接、最有力的证据。通过对比实验发现，城市运动或旅行之后，

NK细胞的活性没有提高。所以癌症的预防机理在于森林环境。在森林环境中，存在大量的空气负离子，空气负离子对淋巴细胞的存活有益，能提高机体的细胞免疫力和体液免疫。森林中产生的杀菌素也可显著提高人体NK细胞活性；娄京荣等发现，花椒属植物具有多种药理活性，其抗感染性作用成分具有抗细菌、抗真菌、抗病毒作用，对抑制病原微生物和寄生生长尤为显著。由于植物不停地进行光合作用，自动调节空气中的碳氧比，使人在有氧运动的过程中，身体处于弱碱性环境中，使癌细胞无法存活。

森林浴的癌症预防效果能够持续吗？能够持续多久？这也是公众比较关心的问题。李卿等人通过实验发现，3天2晚森林浴之后的第四周，被试者的NK细胞活性仍然能和森林浴之前保持显著差异。也就是说，每月做一次森林浴的话，就能够有效预防癌症。

三、森林环境对人体内分泌系统的作用

内分泌系统由内分泌腺和内分泌细胞组成，它与神经系统相辅相成，共同调节机体的生长发育和各种代谢，维持内环境的稳定，并影响行为和控制生殖。森林环境不仅影响人的生理状态与免疫系统，而且对人体内分泌系统有重要作用，影响体内激素的水平。研究表明，在森林中行走，可以显著降低男性和女性尿中应激激素肾上腺素和去甲肾上腺素的水平以及唾液中的皮质醇浓度，可以产生放松效果，而树木分泌的杀菌素至少部分有助于这种效果产生。然而，森林环境对血清皮质醇水平的影响不太一致。森林环境可能对血清硫酸脱氢表雄酮(DHEA-S)和脂联素水平产生有益影响。但森林环境不影响女性黄体酮和雌二醇水平与男性游离三碘甲状腺原氨酸、甲状腺刺激激素和血清胰岛素水平。

植物体内的植物精气，含有单萜和倍半萜等化合物，具有高生理活性，具有抗菌素和抗癌性，可促进生长激素的分泌。同时，植物精气对内分泌系统具有刺激肾上腺和甲状腺的作用，又可抗糖尿病、降低血压、平衡各分泌系统之间作用。森林的绿阴可使人免受阳光直射，使人体皮肤温度降低$1\sim2℃$，从而避免强光照对人的眼睛和皮肤的伤害。研究表明，夏季的高温可以打乱人体热平衡，造成体温调节障碍、水盐代谢紊乱，导致中暑死亡，对心血管神经系统泌尿系统均有影响。此外，高温能抑制胃的运动机制、抑制胃腺的分泌、降低人的消化功能。高温还能使肌肉活动下降，使人疲乏无力。

四、森林环境对人体心血管系统的作用

心血管系统是一个封闭的管道系统，由心脏和血管组成，又称循环系统。心脏是动力器官，血管是运输血液的管道。通过心脏有节律性地收缩与舒张，推动

血液在血管中按照一定的方向不停地循环流动,称为血液循环。血液循环是机体生存最重要的生理机能之一。由于血液循环,血液的全部机能才得以实现,并随时调整分配血量,以适应活动着的器官、组织的需要,从而保证了机体内环境的相对恒定和新陈代谢的正常进行。循环一旦停止,生命活动就不能正常进行,最后将导致机体的死亡。体循环的主要作用是将营养物质和氧气运送到身体各部位的组织和细胞,又将细胞和组织的代谢产物运送到排泄器官,保证组织和细胞的新陈代谢正常进行;肺循环的主要功能是使人体内含氧量低的静脉血转变为含氧丰富的动脉血,使血液获得氧气。

运动能够促进血液循环和呼吸,脑细胞由此可以得到更多氧气和营养物质供应,使代谢加速,大脑活动越来越灵敏。另外,通过机体运动,可以刺激大脑皮层保持兴奋,从而延缓大脑衰老,防止脑动脉硬化。森林环境是典型的富氧环境,森林运动可以达到事半功倍的脑保健效果。

我国的 30 岁以上的成年人中,10%~20%患有高血脂,总人数超过 9000 万。高血脂本身并不可怕,但是它会引发一系列其他疾病,如动脉粥样硬化、冠心病、胰腺炎等。2015 年,解放军 313 医院进行了一项研究,研究者将患有轻中度高血脂的男性基层军官随机分为两组,一组只接受常规疗养;另一组在常规疗养基础上,每日早晚进行森林漫步和腹式呼吸,每次 30 分钟。但是两组均不服用任何降脂类药物。15 天之后,研究者重新测定疗养对象的血脂水平。结果发现,两组疗养对象的血脂水平均有明显下降,但接受森林疗养的军官血脂下降程度更大,而且与对照之间的降幅差异具有统计学意义。继发性高血脂与遗传无关,控制体重、运动、戒烟和调整饮食都是有效的治疗方法。

在森林环境中,空气负离子能促进高血压、冠心病和高血脂症等疾病的康复,具有促进血液形态成分与物理特性恢复正常的作用。空气负氧离子能够加强新陈代谢,促进血液循环,使血沉减少、血浆蛋白增加,血小板、红细胞数上升,白细胞减少,提高血凝血酶和清碘酸及血钙含量,对心脏病和高血压等,有确切的辅助治疗作用。另外,很多研究者认为,森林中的负氧环境对轻中度高脂血症有较显著疗效。陶名章等人利用负氧离子发生器,对高脂血症的临床效果进行过深入研究,结果表明:与传统药物治疗相比,负氧离子能更有效地降低高脂血症患者的三酰甘油水平。除此之外,森林通常具有很高的绿视率,人们在森林绿色视觉环境中游览,可以使人体的紧张情绪得到稳定,降低人体肾上腺素的分泌量,进而使人体交感神经的兴奋性有所下降,使血流减缓,呼吸均匀,并有利于减轻心脏病和心脑血管病的危害。

五、森林环境对人体神经系统的作用

神经系统在人体内起主导作用的功能是调节作用。人体的结构与功能均极为复杂，体内各器官、系统的功能和各种生理过程都不是各自孤立地进行，而是在神经系统的直接或间接调控下，相互联系并密切配合，使人成为一个完整统一的有机体，维持正常的生命活动。

交感和副交感神经系统在调节血压以及心率方面起关键作用，交感神经活动增加可升高血压及心率，副交感神经活动降低血压及心率。通过肾上腺素以及去甲肾上腺素的水平可以评价交感神经活动，且肾上腺素以及去甲肾上腺素水平与血压之间存在正相关。森林环境可增加副交感神经活动、降低交感神经活动、调节自律神经的平衡。除此之外，人体丰富的皮肤血管对交感神经活动特别敏感，手指温度会随被试者情绪变化而变化，这也是判断森林环境对神经系统影响良好的指标。交感神经系统支配着血管壁的平滑肌，使之产生收缩和舒张。

森林环境中大量存在的空气负氧离子可以调节神经系统功能，使神经系统的兴奋和抑制过程正常化，对失眠、神经衰弱有辅助治疗效果。同时，当绿视率达到25%时，能对眼睛起到较好的保护作用。

第二节 森林环境与心理健康

一、森林环境对心理放松的作用

随着世界经济物质的飞速发展，城市生活的节奏越来越快，人与人之间的竞争越来越激烈，大多数人长期处于高度精神紧张状态，伴随着失眠、亚健康等各种心理问题。据世界卫生组织最新统计，中国约有3900万人患有不同程度的抑郁症，平均100人中，至少有3人需要接受心理咨询或治疗，84.5%的人群心理处于亚健康状态。长期的压力、精神紧张会造成不同的目标器官失调，带来各种各样的疾病。如自主失调，可引起偏头痛、高血压、消化道溃疡、肠易激综合征、冠心病、哮喘；免疫失调，可引起感染、溃疡和结肠炎、过敏、艾滋病、癌症、狼疮、关节炎；神经相关失调，可引起紧张性头痛、抑郁症、精神分裂症、创伤性应激障碍；其他失调，可引起甲状腺、糖尿病、性功能紊乱等问题。

历史表明，人类的漫长岁月是在森林中度过的。而且森林在不同时期，都提供人类心理上的庇护场所，满足人类的种种需求。人类对森林有着积极肯定的情感。根据巴甫洛夫的"大脑动力定型"理论，人类早期的这种积极肯定的情感，已经映入人类大脑皮层深处，形成了一种潜在的意识。因此，尽管人类已经从森林中走出，进入了城市与田园，这种深层次的要求也时时会表露出来，感受到人们对森林的感情和需求。人们一旦进入森林，对森林的感情和需求就会爆发出来，人好像回到了童年的美好境界。人类心理也得到镇静，中枢神经系统得到放松,全身得到良好调节,并感到轻松、愉悦和安逸。

一说起心理疏导,很多人会想到心理医生。实际上因烦恼而寻求援助都可以称为心理疏导,它可以是日常谈心,也包括特定问题的心理咨询,内容非常宽泛。对大多数人来说,森林是非日常性空间,远离烦恼产生地,再加上森林具有"沉默的力量",因此森林心理疏导效果特别显著。随着森林疗养在世界各地的不断发展,森林环境对人心理的影响也在各界学者的研究下有了初步的结果。李卿等人通过使用情绪状态量表(Profile of Mood Stcotes,POMS)来评价男女受试者对森林疗养的心理效应。POMS测试被广泛应用于评价压力水平及压力管理。为了评估森林环境的影响,李卿等首先调查了3天2夜森林疗养对男性心理状况的影响,结果显示森林疗养显著提高了活力分数,降低了焦虑、抑郁和愤怒的分数。对女性的实验得出了和男性相同的结果,此外,女性尿液肾上腺素和去甲肾上腺素浓度随之降低。

Grahn 和 Stigsdotter 2003 年对瑞典九大城市开放绿地与人体心理健康关系研究表明,森林能对人的心理产生积极影响,并且居民距离绿地越近、去公园频率越大、拥有私家花园的人其心理压力明显要小,心理健康状况越好,这种影响不受年龄、性别、身份等因素影响。并且心理健康状况与季节、到达森林时刻、在森林中停留时间以及去往森林的方式等因素有关。

李春媛等2009年对福州国家森林公园游客游览状况与其心理健康的关系研究表明:春、秋季游客游赏森林时心境状况明显好于夏、冬季;上午8:00~12:00、14:00~18:00进入森林,游客的心境状况相对较佳;游客心理愉悦感最强的游览时长为2~4小时;同时,游客入园前的交通方式对其心理也有较大影响,一般距离较近步行入园的比距离较远且乘坐交通工具的游客心理健康状况要好。

温静通过对各种心理学指标,尤其是脑电波的测定发现,当θ波为优势脑波时,人的意识会中断,使得平常清醒时所具有批判性或道德性的过滤机制被埋藏起来,对于外界的讯息呈现高度的受暗示性状态,就是说这个状态更容易接收外来的指令。天然林环境可诱发出更大的δ波和θ波活动。因此,在森林环境对于触发深层记忆、强化长期记忆等帮助极大。另外这个时候身体深沉放松,注意力高度集中,灵感涌现,创造力空前高涨。这一反应显著体现在女性身上。

二、森林环境对心理健康的作用因子

大量的调查研究都表明了森林环境对人的心理有良好的舒缓调节作用,那么,森林环境中的哪些因子起到了这些作用呢?

空气负离子在一定浓度下对机体产生有益的生物效应,可以提高细胞色素氧化酶、过氧化物酶、超氧化物歧化酶的生物学活性,具有提高人体免疫能力、抗衰老等生物效应。实验证明小白鼠暴露在负氧离子浓度高的空气中，可明显提高其记忆力，增强学习效率。

绿地中的植物精气可缓解人的紧张情绪、让人保持头脑清醒并放松精神、松弛情绪，使人充满活力；能增强神经系统的敏锐性和兴奋性，使人在森林中的生命力处于最佳状态，集中注意力，提神醒脑，使人处于适度的紧张清醒状态，提高工作效率。有关芳香物质的研究表明：侧柏的植物挥发物可降低血压，具有镇静作用；丁香的花香可以健脑、预防疾病；茉莉的香味可使人清醒，具有觉醒作用；桂花的花香能增强人体记忆力、缓解压力；柠檬香可镇静、清醒、降低失误率；迷迭香和台湾扁柏的挥发芳香物使人注意力集中，提高学习工作效率。

色彩也可对人的心理产生影响，可以是直接的刺激，也可以通过间接地联想，进而影响人的情绪。大自然中拥有深绿、浅绿等不同种绿色的植物、颜色丰富多样的花草、清澈的水体等色彩要素构成独特的森林景观，均会对人体心理健康产生影响。与绿色相关的植被植物都可以给人安静感、祥和感、幸福感。当绿视率大于15%，人体对自然的感觉会增加，当达到25%时，人的精神尤为舒适，心理活动也会处于最佳状态。绿色具有提高工作效率的暗示作用，对完成创造性任务有积极作用。

绿色的基调，结构复杂的森林，舒适的环境综合起来，人们在森林绿色视觉环境中游览，心理上会产生满足感、安逸感、活力感和舒适感。在心理健康方面，通过刺激五官感受降低疲劳、愉悦放松、改善心情、调节情绪等功能。森林环境下，对人体多维感受的调动也是改善人体心理健康的一个重要方面。森林中的蝉鸣鸟叫、溪水溅落等，都在某种程度上使人心旷神怡，森林环境下的多维感受对人体的大脑思维活动也有一定的积极促进和启发作用，可以使人的灵感得到进一步的激发，对研究和创作具有重要的意义。另外，在森林中利用植物栽植、植物养护管理等园艺体验活动对人体的心理健康也会产生一定的积极作用。例如在园艺疗法就是通过这种现象运用，在心理疏导和调整方面取得了一定成效。专门利用植物栽植、植物养护管理等园艺体验活动对不同人群进行心理疏导和调整工作。不少研究已经证实，园艺体验疗法能够帮助病人减轻压力、疼痛以及改善情绪，甚至能使监狱中犯人的敌意和易怒情绪得到显著改观。

森林还给人们提供了举办活动、聚会的方便场所，良好的自然环境可以使人心态平和。在森林中一同游憩和观赏，在游玩中进行交流，可以促进家庭和睦，也可以使朋友之间的友谊得到升华。同时，在森林游憩中参加各种活动，还能结识新朋友，拓展交际和朋友圈，提高团队精神和社交能力，有效改善内部人际关系。另外，通过对森林的游览和使用，还可使居民产生热爱自然、保护环境的理念，树立爱护一草一木的道德观念，培养其"环境美"的意识和习惯。

第四章

森林疗养常用的几种疗法

第一节 日式森林疗法

压力是百病之源,小到口腔溃疡和胃痉挛,严重的如肿瘤和心血管疾病,都可能是慢性压力造成的。医学心理认为,人体的神经、免疫和内分泌系统是相互关联的,所以缓解压力对于预防生活习惯病和调整心身疾病具有重要意义。世界上很多辅助和替代治疗方法,都是从缓解压力入手,日式森林疗法也不例外。日式森林疗法的主要作用机制是气候舒适、五感舒适和自然暴露。研究发现,自然来源的五感刺激对缓解压力和增强幸福感有很大作用。在森林之中,植物挥发物被认为是自然的抗生素;负氧离子被认为是空气中的维生素;绿色是天然的镇静剂;溪流和鸟鸣声是符合 1/f 波动的自然音乐;土壤中蕴藏着关乎人体免疫的有益菌,这些都需要我们打开五感去感受。

一、组织形式

访客以小组形式接受五感疗法,每小组有专门带领者,带领者需认真研修本项说明。以早期带领者的服务能力估算,每个小组的访客数量不宜超过 6 人,这样才让每位访客都得到近乎一对一的服务,这点请务必执行。

二、课程时机和时长

每次五感疗法以 3 小时为宜,具体时间要根据天气情况来决定。五感疗法的效果受气候舒适、五感舒适和自然暴露等三重因素影响,所以因地制宜地选择课程时机非常重要。通常林区湿度较大,气温超过 26℃,体感舒适度会迅速下降,所以在炎热季节,需要利用好早晚气温舒适的时间。同时,本地森林中的昆虫和蛇类活动规律,也是选择实施时机的考量内容。

三、效果评估

五感疗法主要通过调整自律神经来发挥作用,所以评估五感疗法的效果,可以通过检测自律神经平衡来实现。有条件的话,可购买一台自律神经平衡检测仪器；如果经费足够充裕，可考虑购进专业的心率变异性实时监测设备。如果没有条件，可以通过简单监测血压、心率等指标来实现，也可以整合血压、心率等指标，做成自律神经平衡指数。

推荐使用"自律神经平衡的综合指标测定法"，这种方法为温格所提出，后由北大医学部引入国内，临床应用广泛。

$$y = -28 - 0.194x_1 + 0.031x_2 + 0.025x_3 - 0.792x_4 - 0.131x_5 + 0.649x_6$$

其中，y 为自律神经平衡指数，正常变动范围为 ± 0.56；指数在 $0.56 \sim 1.1$ 或 $-0.56 \sim -1.1$，为交感神经或副交感神经活动增强；指数超过 ± 1.1 以外为机能亢进。x_1 为唾液量，受试者吞咽唾液后，计时3分钟，将口腔唾液全部吐到试管内，以毫升计。x_2 为收缩压，座位左臂血压，以毫米汞柱计。x_3 为舒张压，座位左臂血压，以毫米汞柱计。x_4 为脉搏间隔，21次脉搏的平均间隔，以秒计。x_5 为呼吸间隔，11次呼吸的平均间隔，以秒计。x_6 为口腔温，5~10分钟的舌下口腔温，以摄氏度计。

四、主要活动

(一) 受理面谈

了解访客的基本需求，观察访客的身心状况，判断访客能否进行户外活动，并通过睡眠、吸烟饮酒、定期运动等调查，提醒访客关注和反思自身健康。上述工作可以用结构化调查表来实现。

(二) 课前提醒

在走进森林接受五感疗法前，需要做课前提醒，比如着装建议、背双肩包以解放双手、把手机调至静音状态、带领者统一掌控时间而让访客忘掉时间、行走时放慢脚步不要追求速度等等。

(三) 场地中可利用的五感素材和刺激方式

场地中可利用的五感素材非常丰富，至于哪些素材能够带来良好效果，与访客和带领着的感性能力有很大关系。考虑到场地实际情况，以下五感素材可能具有一定优势。

视觉：①林下光线变化；②不同等级的绿色；③森林中的花开和果红。带领者可自带一相框架，在森林中遇到微型景观，人工框景呈现给访客。

听觉：①水边和灌木丛附近的鸟鸣；②风吹过马尾松的声响；③蝉鸣。带领者可自带听诊器等辅助设施，放大泉水和森林的声响。

嗅觉：①蘑菇；②花朵；③采摘揉捻有香味的枝条和叶片。

味觉：①准备当地特色小点心；②茶和草本茶；③野果；④山野菜。有关味觉刺激的道具要相对精致，形式上可参考茶席的布设。

触觉：①石头和青苔；②不同的树皮；③不同材质的步道；④风。

（四）辅助手法

(1)盲行。人类的大部分信息是通过视觉获得，所以在五感刺激过程中，需要有重点的关闭视觉来刺激其他感官通道，这样的体验印象是比较深刻的。盲行通常是"森林毛毛虫"游戏方式进行，也可以一对一引导进行。

(2)赤足。赤足是打开触觉的良好方式，还具有按摩、释放生物电等多种功效。由于场地缺少水源，做赤足活动时，带领者需准备酒精湿纸巾。同时，每次赤足前，带领者要认真排查沿途的尖锐物体，确保访客安全。

(3)伸展。做简单的伸展运动，对于放松心身也有很好的效果。传统功法五禽戏和八段锦，具有很好的伸展运动，可以配合五感疗法来应用。

(4)腹式呼吸。开创一种茶园呼吸法，建议以腹式呼吸为主。吸气时轻轻扩张腹肌，在感觉舒服的前提下，尽量吸得越深越好；呼气时再将肌肉放松。一只手轻轻放于胸前，呼吸时这只手几乎不动。另一只手放于上腹部，使腹部放松。吸气同时确认腹部突出，并感受气体将手推起。呼气时缩唇将气体缓慢呼出，同时另一只手轻轻按压，帮助膈肌上移，并确认腹部向里凹陷。反复练习10分钟。体位卧、坐、立均可。

(5)正念行走。森林冥想和独处内观也是辅助刺激五感的重要手段，考虑到带领者现有技术水平，这部分课程待现有服务成熟后，再逐步升级。

四、总结分享

整个活动要预留二三十分钟的分享环节，一是与访客交流的体验感，以便改进服务，二是要通过访客反馈，加深彼此五感体验的感官印象。

五、技巧

开发各类自然游戏来刺激五感，善用分享来巩固每个人的感官刺激。

第二节 气候地形疗法

一、基本原理

气候地形疗法是一种特殊运动疗法，它用不同坡度和路面铺装来创造不同的运动强度，以步行形式在越来越长和越来越陡的步道上进行有计划的身体训练。气候地形疗法的主要技术特征，是通过让体表温度下降2℃来提高步行运动的效果，而森林环境和较高海拔有利于实现控制体表温度下降的目标，不同坡度的步道有利于控制运动强度及身体发热。有人曾把气候地形疗法徒步和在城市街区徒步作对比，发现在相同运动强度下，气候疗法徒步的心率会比正常步行低10次左右，运动疗法效果非常明显。

一般认为，气候地形疗法本是传统水疗的重要组成部分，并且有新鲜空气和日光浴的辅助。气候地形疗法并不完全是运动疗法，还有"压力疗法"和"环境疗法"的作用成分。由于温和有效，甚至可以夜间进行，还能够主动预防，很多医生将其视为"一种久经考验的初级预防和促进整体健康的手段"。

二、适应症和禁忌

在德国的自然疗养地，气候地形疗法用于心血管疾病康复、高血压、骨质疏松、支气管哮喘的治疗，通常需要3周左右的干预时间；日本山形县上山市引入气候地形疗法后，将其用于干预肥胖、高血糖等生活习惯病，一次只需3天时间。作为运动疗法，气候地形疗法对于干预抑郁和焦虑、改善睡眠、提高生命质量也有一定效果。

气候地形疗法的禁忌参考普通运动疗法。

三、操作技巧

(一) 以坡度和铺装形成不同运动强度

为了帮助访客达到适合的心率，通常会控制步行速度和时长、选择不同坡度和路面的步道来实现。

1. 坡度和运动强度

对于坡度，如果是以森林疗养速度行进，访客在0~6°坡度内，心率、换气量和摄氧量都不会有明显差异；只有步道坡度超过6°，运动生理指标才会出现差异；因此，有运动强度差异的坡度间隔是6°。

2. 路面铺装和运动强度

由于摩擦力和阻力不同，路面铺装材料对运动强度有较大影响，需要对坡度和速度主导下的运动强度进行修正，这通常需要利用路面系数进行推断。如果把柏油路面系数定为1.0的话，草坪和木栈道路面系数为1.1，无铺装路面系数为1.1~1.2，5cm厚松针或刨片步道路面系数为1.3，过脚腕蹚水路面系数为1.5，沼泽地区系数为1.8，松软沙土铺装系数为2.1。

(二) 控制体表温度

除了利用步道坡度和沙滩材质等运动负荷之外，气候地形疗法还将凉爽大气作为冷刺激来使用。一般使用表征人体热反应的评价指标(Predicted Mean Vote,

PMV)来测定冷刺激的参数,PMV 是以影响人体舒适感的 6 个要素(室温、平均辐射温度、相对湿度、平均风速、室内着装量、作业量)为变量制定的体感舒适方程,它将人的主观温度评价分为冷(-3)、凉(-2)、稍凉(-1)、无感(0)、稍暖(+1)、暖(+2)和热(+3),7 个等级。在热湿环境国际 ISO7730 标准(1994)中将舒适范围定义为-0.5<PMV<0.5,而在气候地形疗法中,要使 PMV 维持-1(稍凉),在运动过程中保持体表面微冷。这个体表微冷的状态,是主观上感觉微冷,访客感觉体表温度下降1℃,实际上大约要使体表温度下降2℃左右。

需要强调的是,为了维持 PMV(-1),步道通常需要通过森林或是利用背阴的环境。因此,森林疗养师除了具有以合适速度安全地指导步行的能力之外,还必须熟悉步道的风况、日照和当日变动规律。

(三)其他窍门

(1)海滩是实施气候地形疗法的理想场所,海的边缘是空气纯度最高的区域,而海浪将海水中的矿物质和微量元素雾化,通过正常呼吸就能轻松吸收,对过敏患者特别有益。

(2)对有些访客来说,冬天才是更适宜的疗养时间,一方面,寒冷可以刺激免疫系统而促进健康,另一方面,逆风徒步对促进心肺功能和改善关节健康也有很多好处。

(3)根据天气和访客体力情况,可以通过调整穿衣方案来控制体温。气候地形疗法步道上还会设计一些流动的溪水,用于直接冷却访客的手腕和足部,辅助控制体温。

四、运动量的控制

(一)预防性运动

从运动生理学来说,要达到日常保健的最适运动强度,运动时的心率需控制在最大心率的 60%~75%,或是摄氧量控制在最大摄氧量的 50%~85%。一般情况下,森林疗养讲究能量消耗最小、没有疲劳感,对运动强度的要求是"心情愉悦的自由速度",最经济的强度就是最适强度。

如果访客没有冠状动脉疾患或心律不齐的症状,可以根据脉搏数来简易设定运动强度。这种运动强度设定方法被称为 Karvonen 法,它是一种按照最高心率和休息心率来决定目标训练区域的方法。用 Karvonen 法计算出目标脉搏数的公式如下。

目标脉搏数=(最大脉搏数-安静时脉搏数)×0.6+安静时脉搏数;

其中,最大脉搏数用"220-年龄"来计算。

比如,某人今年 40 岁,他安静时脉搏数是 70 次/秒,那么他的目标脉搏数是：

(220-40-70)×0.6+70=136。

康复专家认为，最适运动强度不宜超过目标脉搏数。但是这种计算方法只适用于没有心血管疾病的健康人群。如果真正实施运动疗法，之前要接受必要的健康诊断，并且要按照医生的建议开展运动。关于最适运动频率和持续时间，一般认为，持续时间在20~30分钟的运动，每周要超过3次，这样才能保持健康。为了保持和增进健康，运动不宜强度过大和时间过长，保持运动习惯和适当运动强度才是正确选择。

(二) 干预心理健康

大量研究认为，若要降低焦虑、抑郁且提高幸福感，运动强度适宜选择轻度或中等强度(最大心率值的60%~80%)的有氧运动，同时在运动中增加一些趣味环节，避免枯燥苛刻的运动。

(三) 专业康复

"气候性地形疗法"治疗通常是学习过自然疗法的现代医生来主导，医生用功率自行车测定访客体力，开出1周的气候性地形疗法处方，交给气候疗法师执行，而气候疗法师负责按照合适的运动负荷指导实施治疗。实施地形疗法时，访客会在课程的第一天，通过功率自行车进行运动负荷测试，确定最佳运动强度。访客利用的地形疗法步道，分别以每小时4km、5km、6km步行测定运动负荷，相关数据会标记到向导地图(Kurwegekarte)中，供指导地形疗法的医生或气候疗法师使用。在实施地形疗法时，要实时或定期测定访客的心跳数，以有效进行运动强度管理。每次运动负荷调整间隔单位为25W，对应调整步行速度。

五、设施条件

气候地形疗法依赖于步道，而相关步道要满足以下10个条件。①需具备长度不同的多条线路；②步道的坡度要具有多样性；③所在森林空气清洁，风景较好；④步道的海拔要具有多样性(创造不同日照、风速和温度)；⑤在步道的不同路段，能够分别满足遮阴和向阳两种需求；⑥多材质铺装路面，具有软质铺装路面；⑦在合适距离和合理立地条件下设置休息场所；⑧要确保一年四季都能适用，恶劣天气条件下也能适用；⑨为了在发生紧急状况时能够急救运输，应设置车行备用道；⑩具有能够检测心肺功能的测试道路(类似于功率自行车的功能)。

为了便于使用，气候地形疗法步道一般要标识出以下信息：①总长度；②步道起伏(平均坡度、上坡路段长度、平坦路段长度、下坡路段长度)；③步道海拔(平均海拔、最高点海拔、最低点海拔)；④医生建议的步行时间；⑤散热难度；⑥路面行走难度；⑦基于建议步行速度而产生的能量消耗和运动强度。

六、注意事项

"气候性地形疗法"有明确的注意事项。

在急上坡或急下坡时,为了缓和路面对膝盖的冲击、降低腿部肌肉负担,要指导访客减小步幅,把心率控制在有氧运动范围。一般认为,"北欧执杖步行"是辅助地形疗法的理想方式。

考虑到气候性地形疗法的"刺激性"比较强,医生通常会在处方中增加瑜伽、呼吸法、自律训练和水中运动等课程,以此作为缓和手法。

实施气候地形疗法时,要对访客事前开展健康检查,测量血压和心跳,在步行途中也要反复确认,及时调整运动负荷(步行速度的调整,路线长度的调整)。

第三节　园艺疗法

一、作业疗法定义

作业疗法(occupational therapy,OT)是森林疗养很重要的一类课程,是应用有目的的、经过选择的作业活动,对由于身体上、精神上、发育上有功能障碍或残疾,以致不同程度地丧失生活自理和劳动能力的患者,进行评价、治疗和训练的过程,是一种康复治疗方法。目的是使患者最大限度地恢复或提高独立生活和劳动能力,以使其能作为家庭和社会的一员过着有意义的生活。这种疗法对功能障碍患者的康复有重要价值,可帮助患者的功能障碍恢复,改变异常运动模式,提高生活自理能力,缩短其回归家庭和社会的过程。在森林中,植树、疏伐、修枝、运输圆木、收集枯枝落叶、采蘑菇、林下栽植花草、木工制作、修建作业道等活动都能够作为作业疗法的内容。

在我国古代早已有施行作业治疗的记载。近几十年来,在许多医院、疗养院及其他医疗机构不同程度地开展了一些作业疗法工作,如肢体的功能训练、简单的工艺劳动、园艺、日常生活活动训练等。过去,我国虽然没有专职的作业疗法师,但在一些医疗康复机构里,体疗师和护士等实际上兼做了一些作业治疗的工作。而随着我国康复医学的发展,近十多年来我国陆续出现了专业的作业森林疗养师,一些医院及康复中心建立了作业疗法科;在一些医学院及学校里还设立了作业疗法课程。

园艺疗法属于知觉疗法中的一种。园艺疗法通过人与植物的接触,引起情绪或心理上的变化,进而改善参与者的精神状态。因其良好的疗养效果,目前正在被广泛研究,并运用到实践中去。园艺疗法是起源于17世纪末的一门集园艺、医学和心理学于一体的新兴边缘交叉研究学科，近年来在许多国家和地区迅速发展。

二、园艺疗法的定义

园艺疗法是指通过各种与植物相关联的活动，如一系列园艺活动或植物种植、栽培、收获、利用等，参与植物的生长过程中，使人舒展身体、放松心灵，获得价值感、成就感、认同感，进而恢复身体机能等目标的疗法。韩国、美国称之为园艺治疗。美国园艺疗法协会对其做如下定义：园艺疗法是对于有必要在其身体以及精神方面进行改善的人们，利用植物栽培与园艺操作活动从其社会、教育、心理以及身体诸方面进行调整更新的一种有效的方法。美国堪萨斯州州立大学所设置的国立心理健康机构对园艺治疗的定义为："园艺治疗师和病人之间分享对植物的经验，其互动所创造出来的环境有助于调解病人的官能障碍"。

园艺疗法的治疗对象主要是残疾人、高龄老人、精神病患者、智力低能者、乱用药物者、犯罪者以及社会的弱者与精神方面需要改善的人。

园艺疗法区别于平常所说的园艺与园艺福利。园艺是指专门的园艺师对观赏树木、花卉等的栽培、繁育及美化。园艺福利是人们自发地进行园艺活动，享受园艺的效果。园艺疗法是指身心有某种障碍需要，在疗养师或园艺疗法工作人员的指导下进行园艺活动，享受园艺的效果。但园艺疗法无论对健康人还是对有某些疾病的人群都具有缓解疲劳的相同效果。

三、园艺疗法的发展历程

园艺疗法的发展过程大致划分如下几个阶段。

(一) 创始期

古埃及御医为法老王开出了在花园里行走的处方。东晋诗人陶渊明在诗中描写惬意的田园生活："采菊东篱下，悠然见南山。"1699年，李那托·麦加(Mecger L.)在《英国庭园》中建议国人："将剩余的时间花在园艺、挖掘、设置或除草中；没有其他更好的办法能够保健。"1786—1792年，精神病学先驱本杰明·施耐德(Benjamin Schneider)博士、宾州大学的医师乌钠斯(Unas)、精神病医院约克收容所等都致力于利用自然的力量对精神病患者进行治疗，公开宣布挖掘土壤、从事栽植和伐木工作对精神病患有医疗效果。18世纪初，苏格兰的戈雷卡迪首先对精神病患施以园艺栽培训练，开启了园艺治疗的先河，也为园艺疗法日后的发展奠定了基础。同时，费城精神科教授本杰明·拉斯、美国一医学博士、美国精神学会的创办人Kirkbride医生等发现田间劳动对精神病患者和智能障碍儿童有显著疗效。1806—1817年，西班牙的医院、美国费城的私人精神机构朋友医院积极开展园艺疗法，为病人提供可种植的庭院植物，并引导病人照顾植物的生长及收成。19世纪至20世纪初，英国园艺疗法普遍得到社会的公认和病人的接受。美国也已认识到园艺疗法对智力低下者智力的提高和由贫困导致的变态心理的消除均有效果。园艺治疗正式被纳入职能治疗书籍中。

(二) 变革期

1917—1919年，纽约怀特普莱恩斯市的布鲁明戴尔精神病医院中，妇女职能治疗部门提供了园艺的教育机会，这是首次对健康医疗专业的实际园艺训练。堪萨斯州托皮卡的梅宁哲医生与他的儿子Karl建立Menninger基金会，由此开始植物、园艺与自然的研究整合为病人每日活动的一部分。1920年，职能治疗书中整合了使用园艺治疗的内容与效果，证明园艺是一种有效的治疗手段。40年后，第一本园艺治疗书出版。1942年，第一个有职能治疗学位的米沃奇唐纳学院，在职能治疗课程中设立园艺课程。1948年，拉斯默克首度使用园艺疗法这个名词。1952年，爱丽丝·柏林根与唐纳德·沃斯顿医师在密西根州立大学联合举行一个礼拜的园艺治疗研讨会。第二年，园艺治疗的活动首次在一座公立花园进行，哈佛大学植物园的繁殖专家路易斯·李普斯在退伍军人医院发展了一套园艺治疗内容。同年，美国的马萨诸塞州一森林植物园为有需要的人提供园艺疗法服务，其他植物园也纷纷仿效。1955年，诞生了第一位园艺疗法硕士研究生。1956年，借由俄亥俄州的霍顿植物园，他在克莱蔚兰的"老人中心"金龄中心发展了一套延伸课程。1959年，纽约大学医学院著名的拉斯科复健医学部开始在温室中的园艺治疗课程，更进一步拓展园艺治疗使园艺治疗师随着医生与心理学家一起工作。1960年，英国对于生理障碍的人们提出园艺治疗的新内容。倾向于残障朋友们的园艺帮助及园艺治疗中个别内容与教育上的帮助。一战期间，园艺被应用在有生理障碍的人们身上。二战期间，园艺转变为治疗与复健的重要活动。1950—1960年，更将此种方式运用在儿童、老年人及身残体障者身上。园艺疗法逐渐得到北欧各国和加拿大、美国、英国、日本等国的支持和重视。

二次世界大战后至1970年，美国将伤员康复和职业培训引入园艺并与作业疗法结合起来，为园艺疗法充实了新的内涵。大学开设园艺疗法培训课，园艺疗法的研究和应用进入一个新时期。二战后，特别是越南战争后，由于战争对复员军人造成的心灵创伤，他们难以回复到原来的生活中去，军人医院开始采用园艺疗法进行治疗，效果颇佳。这种对复员军人的治疗活动，促使美国园艺疗法产生了突飞猛进的发展。

(三) 成长期

1971年，美国堪萨斯州立大学开设园艺疗法大学课程。1973年，开始有专门的训练课程,并和医院合作做临床试验,提供学位成为园艺治疗师。1975 年,开设园艺疗法研究生课程。必修课程为园艺学、医疗学、植物学、经营学、社会福利学、哲学、心理学等,除此之外,还要学习其他课程。1980 年,园艺治疗开始招收博士生。1973 年,美国创立园艺疗法协会,其目的是确立与启发普及园艺疗法。1978 年,英国成立"英国园艺疗法协会"。1995 年,日本创设了园艺疗法研修会,同年秋季成立日本园艺疗法研究会。

1977 年,美国各州的植物园,例如芝加哥植物园也都有和园艺治疗有关的设施和定期活动。由于园艺活动的疗效,为患者康复的可能带来了无限的生机,园艺治疗在此期间已悄悄成为正式的疾病治疗方式之一。1991 年,日本对欧美各国的园艺疗法状况进行周密细致地调查,撰写成了《园艺疗法现状调查报告书》。1993 年,美国弗吉尼亚州立工科大学戴安·勒路夫博士应邀赴日本,作了日本第一次的园艺疗法报告会。1994 年,日本京都召开第 24 次国际园艺学会会议(IHC)。会后,戴安·勒路夫博士等园艺疗法领域国际著名人士召开了有关园艺疗法的意见交换、研究介绍的学术会议。1995 年,日本创设园艺疗法研修会。1996 年,据日本绿化中心的调查可知,全国 60% 以上的残疾人疗养院已经进行或准备进行园艺疗法。1997 年,日本各地相继建立疗法庭园的设施,积极开展园艺疗法活动。同年 10 月在日本岩手县举办了第一次世界园艺疗法大会。

相比于国外,我国园艺疗法的起步较晚,发展还处于初级阶段,主要以研究为主,有效的实践较少,没有进行大规模的应用。

2000 年,李树华在《中国园林》上发表《尽早建立具有中国特色的园艺疗法学科体系》(上、下),首次系统地介绍了园艺疗法的概念、历史、现状、功效、手法及园艺疗法庭园构成特点等不为大多数人所了解的诸方面,回顾了英、美两国园艺疗法发展过程,概括了英、美、日三国现状,归纳了园艺疗法在现代社会与生活中对于人们精神、身体以及技能诸方面之功效,介绍了园艺疗法的手法与实施步骤。2001 年,班瑞益在《护理研究》上发表了《园艺疗法对慢性精神分裂症病人的康复效果》一文,对两组慢性精神分裂病人进行了对比实验,一组病人在药物治疗的同时配合以园艺治疗,另一组病人则单纯进行药物治疗。治疗前后应用 BPRS、NORS、IPROS 量表综合评价病人的康复情况,资料应用 SAS 统计软件进行分析。结果显示:实验组在生活自理能力和社会适应能力等方面优于对照组。从而证明园艺疗法在慢性精神分裂症病人的康复治疗中发挥了有效作用。2006 年,修美玲和李树华在《中国园林》上发表了《园艺操作活动对老年人身心健康影响的初步研究》一文及修美玲的硕士论文《园艺操作活动及观赏植物色彩对人的生理和心理影响的定量研究》,"以北京海淀区四季青敬老院的 40 位老人为研究对象,通过测定试验前后老人的心情、脉搏和血压,衡量园艺操作活动对老人身心健康的影响程度。研究发现收缩压和脉搏基本保持不变，舒张压和平均动脉压显著升高，但未发现男女性别上存在差异。同时，实验后约80%的老年人的心情转好。由此证明园艺操作活动对老人的身心健康有一定的改善作用。"2007年，杨晓明等在《西南林学院学报》上发表的《园艺疗法及其园林应用》及杨玉金在《河南林业科技》上发表的《园艺疗法在园林设计中的应用及原则》两篇文章，都是结合国外的研究成果和中国的实际情况，在对园艺疗法做综述的基础上，进一步研究园艺疗法在园林设计中的应用，得出结论证明"开展园艺疗法设计可充分反映中国的特点，是实现园林建设可持续发展的必由之路。"2008年，王涵的硕士论文《日常园艺疗法》，在园艺疗法的基础上提出了日常园艺疗法的概念，分析现代都市人的身心状况以及性格与疾病的关系，结合博物学等学科提出日常园艺疗法的目标，期望将园艺活动作为一种生活方式推广应用。

中国台湾园艺疗法的领军人物是台湾首位园艺治疗师黄盛璘和中国文化大学景观系的郭毓仁、曹幸之教授等，郭毓仁先生的《治疗景观与园艺疗法》系统阐述了园艺疗法的概念、起源、发展及顾客对象，同时以实际案例介绍景观园艺治疗应用于各个类型顾客的操作手法，最后介绍如何把植物的颜色及气味用于景观园艺治疗。郭毓仁先生还在中国文化大学设立了景观与园艺治疗基地，为园艺疗法的推广应用作出了巨大贡献。

四、园艺疗法的活动内容

根据园艺疗法效果方面的差异，可将园艺疗法的活动内容分为精神方面的活动、社会方面的活动与身体方面的活动。

在精神方面，可以以达到以下精神状况为目的，设计不同的园艺疗法活动内容。

(一)消除不安心理与急躁情绪

利用在森林疗养基地里生长、种植的草木，病人于其中散步或通过门窗眺望，可使病人心态安静。据报道，在可以看见花草树木的场所劳动，不仅可以减轻劳动强度，还可以使劳动者产生满足感，如果是园艺栽培活动地的话，效果则更佳。

(二)增加活力

投身于园艺活动中，使病人、特别是精神病患者忘却烦恼，产生疲劳感，加快入睡速度，起床后精神更加充沛。

(三)张扬气氛

一般来讲，红花使人产生激动感，黄花使人产生明快感，蓝花、白花使人产生宁静感。鉴赏花木，可刺激调节，松弛大脑。

（四）培养创作激情

盆栽花木、花坛制作以及庭园花卉种植等各种园艺活动，是把具有自然美的植物材料按照自己的想象进行布置处理，使其成为艺术品。这种活动可以激发创作激情。

（五）抑制冲动

在自然环境中进行整地、挖坑、搬运花木、种植培土以及浇水施肥，在消耗体力的同时，还可抑制冲动，久而久之有利于形成良好的性格。

（六）培养忍耐力与注意力

园艺的对象是有生命的花木，在进行园艺活动时要求慎重并有持续性。例如，修剪花木时应有选择地剪除，播种时则应根据种粒的大小覆盖不同厚度的土壤，这些都需要慎重与注意力。若在栽植花木的中途去干其他事情，等想起重来栽植时，花木可能已枯萎。因此，长期进行园艺活动的结果，无疑会培养忍耐力与注意力。

（七）增强行动的计划性

何时播种、何时移植、何时修剪、何时施肥等，根据植物种类不同，操作内容不同，则时间与季节亦不同。园艺活动，必先制定计划，或书面计划或脑中谋划，因人而异。此项工作或爱好可以增强自己与植物的感情，把握时间概念（早、晚、季节的变化等）。

（八）增强责任感

采取责任到人的方法，病人必须清楚哪些是自己管理的盆花、花坛等。因为花木为有生命之物，如果管理不当或疏忽，会导致枯萎。这可使病人认识到哪些是自己不得不做的工作，从而产生与增强责任感。

（九）树立自信心

待到自己培植的花木开花、结果时，会受到人们的称赞，这说明自己的辛勤劳作得到人们的承认，自己在满足的同时还会增强自信心。这对失去生活自信的精神病患者医治效果更佳。当然，为了不让患者们失望，开始时应该选择易于管理，易于开花的花木种类。

从提升病人的社会心理方面，可以从以下方面开展具体活动。

1. 提高社交能力

参加集体性的园艺疗法活动，病人以花木园艺为话题，产生共鸣，促进交流，这样可以培养与他人的协调性，提高社交能力。

2. 增强公共道德观念

对自己的生活环境利用花木进行美化绿化，或者自己所负责的盆花、花坛开出漂亮的花朵，在增强自信的同时，还体会到自己为大家做了有益的事情。另外，为花坛除草摘除枯萎花朵、扫除落叶等活动，可以培养自己的环境美化意识和习惯，增强公共道德观念。

（十）通过改善病人身体方面的机能等，达到更好的疗养效果

1. 刺激感官

植物的色、形对视觉，香味对嗅觉，可食用植物对味觉，植物的花、茎、叶的质感（粗糙、光滑、毛茸茸）对触觉都有刺激作用。另外自然界的虫鸣、鸟语、水声、风吹以及雨打叶片声也对听觉有刺激作用。卧病在床的患者或者长久闭户不出门的人们，到室外去沐浴自然大气，接受日光明暗给予视觉的刺激，感受冷暖对皮肤的刺激，可称为自然疗法，也是园艺疗法的内容之一。白天进行园艺活动、接受日光浴，晚上疲劳后上床休息，有利于养成正常的生活习惯，保持体内生物钟的正常运转，这对失眠症患者有一定的疗效。

2. 强化运动机能

人的精神、身体如果不频繁地进行使用的话，其机能则会出现衰退现象。局部性衰退会导致关节，筋骨萎缩，全身性衰退会导致心脏与消化器官机能低下，易于疲劳等。园艺活动，从播种、扦插、上盆、种植配置等的坐态活动到整地、浇水、施肥等站立活动，每时每刻都在使用眼睛，同时头、手指、手、足都要运动，即为一项全身性综合运动。残疾人、卧病在床者以及高龄老人容易引起精神、身体的衰老，而园艺活动是防止衰老的最好措施之一。

第四节　荒野疗愈

所谓荒野，最早由美国人提出，指的是：没有为人类驯服，人类只是访客并不会常驻的地区，包括森林、草原、湿地、荒漠、高山等自然之地。荒野意味着自由、原始、冒险。所以，荒野疗愈，一般认为是在疗养师的指导下，通过在荒野开展相关活动，来改变或消除体验者消极的思维或行为方式，引导其回归到简单、正常的生活状态。

《低吟的荒野》作者奥尔森是这样解释荒野的：在荒野中，人们可以发现"宁静""孤寂"及"未开化"的环境，从而再度将他们与人类进化的传统联系起来，并通过这种充满神秘的经历，令他们感受到与万物联系在一起的那种神圣。他又在《为什么需要荒野》中写道："荒野对于国人而言，是一种精神的需要，一种现代生活高度压力的矫正法，一种重获平衡和安宁的方式……我发现人们因多种原因而走向荒野,但其中最重要的原因是为了放开眼界,为的是心灵的健康"

一、荒野疗愈的原理

(一)自然隐喻

隐喻,不仅是一种修辞手段,更是人们赖以生存的认知手段和思维方式。我们借以思维和行动的普通概念系统在本质上基本上是都是隐喻,其"实质是运用另一事物来理解或体验某一事物"。莱考夫和约翰逊认为人类的经验源于人的身体、情感与自然环境的相互作用及人与人之间的交往和相互影响。

从历史进程来讲,不同历史时期的自然隐喻揭示了在漫长的历史进程中人与自然关系的变化。农业时代之前,由于认知水平有限,人类对自然存有敬畏之心,把自然比喻成人,自然是上帝抒写的书;到工业革命,随着科技水平的提高,人类极力想改变和战胜自然,此时把自然比喻成用之不尽的仓库;到了20世纪60年代,由于生态环境的恶化,生态伦理出现,认为自然万物彼此依赖,人与自然应该和谐共生,此时把自然比喻为母亲和网。

如果隐喻体现到具体自然元素上,则更为常见,不论从诗词中,还是文章中,都能看到常见的意象隐喻,以下为常见的隐喻对照表(表1)。

表1 自然元素与意象隐喻对照表

自然元素	意象隐喻
水	善、时间、阴柔、母性、冷静
山石	父性、佛性、稳定、依靠、历史
火	暴躁、温暖、力量、希望
黑夜	冰冷、寂静、未知、空洞、逃避
阳光	温暖、希望、活力
落叶	悲凉、残缺、忧郁
土地	母亲、精神家园
梅、兰、菊、竹	君子、坚强、独立、品质
荷花/莲花	善良、纯洁、美好
大树	自己、家乡、内在
小草	顽强、接受
雨	阴冷、悲情、希望
雪	纯洁、美好
风	舒服、冷酷、荒凉、苦难
月亮	故乡、亲人、孤独

(续)

自然元素	意象隐喻
海洋/河流	包容、母性、时光
森林	和谐、未知、好奇、静谧
沙漠	荒芜、恐惧、未知、好奇

朱光潜说:"人的思想情感和自然的动静消息交感共鸣,自然界事物常可成为人的内心活动的象征。"以苏轼《定风波》为例,其中,恰当地应用到了自然意象隐喻。他把五感、自然、回应、心境巧妙地融合在了一起,象征性地表达对生活、对仕途的信心和希望。

序:三月三日沙湖道中遇雨,雨具先去,同行皆狼狈,余不觉。已而遂晴,故作此。

莫听穿林打叶声,何妨吟啸且徐行。竹杖芒鞋轻胜马,谁怕?一蓑烟雨任平生。

料峭春风吹酒醒,微冷,山头斜照却相迎。回首向来萧瑟处,归去,也无风雨也无晴。

读罢,内心的诗意和美学便油然而生,这正好印证了沈从文在《湘西》中的一段话。即"一切风景静美而略带忧郁。随意割切一段,勾勒纸上,就可成一绝好宋人画本。满眼是诗,一种纯粹的诗。"

从这个意义上来说,自然或荒野是自带思想的,黑格尔说:"自然不只是冷漠的天和地,人也不是悬在虚空中,而是在小溪、河流、湖海、山峰、平原、森林、峡谷之类某一特定的地点感觉着和行动着。"我们看到一棵树的如如不动,反映出我们内心的沉静;处于大漠,我们会感到自我的渺小和内心的彷徨。所以,每个人的经历不同,对荒野的理解也不同。

当今,随着人们趋于对物质和利益的追求,逐渐远离了自然、文字和艺术,所以,荒野疗愈的初衷就是唤醒参与者与自然之间最原始的链接,用隐喻的方式敲开自己的内心,与自然产生共鸣,治愈心灵或达到更高级的精神追求。

威廉姆斯在《心灵的慰藉》中写道:"我感到恐惧是因为与整个自然界相隔离,我感到沉静是因为置身于天人合一的孤寂之中。"这就是纯粹的疗愈。

(二) 生态心理学

生态心理学是环境哲学、生态学和心理学的交叉学科,研究生存环境与人的心理、行为之间的相互作用。特别对生态环境给人们造成的影响,包括由于生态环境的破坏而引起人的生理、心理失调和疾病,以及正常的生态环境对于人的生理、心理疾病所起到的促进作用进行的研究。

1. 生态自我

传统心理学理论认为，自我是个体经验与其生活环境相互作用而逐渐形成的一种稳定的、具有独特表现的心理特征，是社会、政治、经济、文化等综合因素影响下的产物。而生态心理学认为，自我的发展应该放到更大的环境尺度上考虑，不然自我的形成就会导致异化、自私和背叛，更多是主观意向的写照。因此，后者倡导建立生态自我，即个体与自然融为一体的自我。

生态自我的建立就是要使人们认识到人类只是生态系统中的一部分，不是与自然分离、对立的个体，从而缩小人与自然的疏离感，这个过程也是人对生态系统的认同过程，并逐渐形成人与自然是一体的一种道德观念和价值标准，体现了人与其他生物在认知、情绪和行为方面的统一。

（1）认知要素，深入自然，思忖人与自然的关系以及彼此的价值，对生命的相似性与关联性的认知，对其他生命形式认同的认知。

（2）情绪要素，对他人、自然中的要素及整个生态系统的关怀、同情、共情与归属感，是与其他生命形式的情感共鸣。

（3）行为要素，是一种健康的自发行为，去做，去改变，从改变自己开始，再去改变别人、保护环境等。

2. 小我与大我、无我

所谓小我，就是自私自利，人类变成了社会物质文明进步的牺牲品，时尚、享乐和物欲愈发使人类远离了自身独特的精神性与自然性，在这样的背景下形成的自我就是小我。

而大我则是超越小我的，比如当我们爬上一座山的时候，一种"会当凌绝顶，一览众山小"的情感就会油然而生，这就是大我在起作用。大我是小我精神的升华，自我的整体性更加完善，表现为胸怀更宽广，思维更加全面，认知更有高度，情绪更加健康，行为更加积极。人们喜爱自然，并主动踏入自然都是一种追求大我的体现。

生态自我则实现了小我与大我的有机整合，把自己融入更加广阔、深远的生态系统中，通过在自我与自然中建立的链接，而建构全新的，更崇高的、更成熟的自我。

而中国古代"天人合一"的思想，是将大我升华到了一个更高境界，即人与自然是不分彼此的，完全融合的，即处于"我即宇宙，宇宙即我"的一种高度，此时，人是忘我的、无我的状态。这与马斯洛的需求理论最高层次（第七层）基本一致，人们最终都是向这一层级去发展和追求。

黑格尔在《艾留西斯—致荷尔德林》中写道：

举目亘古的天庭，

我仰望你，夜空中耀眼的星辰，
所有的心愿、所有的希冀，
尽皆遗忘，思考在凝望中停滞，
自我意识渐渐消失，
我融入这大千世界，
我在其中，是万象，我便是他……

(三) 荒野行走

荒野行走是一种最简单的回归自然的方式，与徒步不同的是，前者是在行走的基础上，更注重当下的感受和觉知，呼吸、节奏都要保持一致，即正念行走。为了不受其他徒步者影响，尽量选择人少的路线开展活动，且路线一定是经过评估后的安全线路。

荒野行走的节奏一般按照平地行走 40 分钟左右，休息 5 分钟，补一次水，如有爬升，则可以安排 20~30 分钟休息一次，同时注意行走时节和时间。行走可以选择白天进行，也可以在夜晚进行，但夜晚一定要注意安全。在夜晚行走，可以配合头灯行走，而在安全的路段或如果疗养师评估过路线的安全性，可以闭灯行走，前提是让眼睛逐渐适应黑暗的环境，以星光、月光等自然光为体验者照明前进的方向。

荒野行走对装备要求较高，必须要准备舒适的登山鞋、登山包、户外服装、登山杖、头灯、食物和水等，且疗养师必须具备户外生存经验。荒野行走可以一天，也可以多天，同时可以结合荒野露营、荒野独处等一同开展。行走可以选择沙漠穿越、原始森林穿越、草原或海岸线穿越。

(四) 荒野露营

露营是近年来回归自然最流行的方式，深受人们的喜爱。与普通露营不一样的是，荒野露营需要更少的人参与，不受游客打扰。可以选择普通营地，也可以选择荒野营地。如选择后者，则更需要挑战性，需要疗养师有足够多的户外经验，甚至需要一个团队来辅助。荒野露营可以结合荒野行走一同进行。

初次进行荒野露营的人群，可能会不适应，比如会担心、焦虑甚至失眠，特别参与者从一个习惯的、安全的地方到一个空旷的环境中，落差较大，心理层面一时难以调整，而这也正是荒野露营疗愈的价值所在，疗养师可以从以下几个方面进行引导或开展工作，让参与者安心于当下的环境。

(1) 带领参与者检查环境，确保环境安全，按照无痕山林原则安营扎寨。

(2) 户外餐饮制作。

(3) 30 分钟静坐正念 (如果有篝火，则可以依火观想)。

(4) 观星，重新认识自己，以及人与自然、宇宙的关系。

(5)不确定性的思考。
(6)正念入睡。

(五)荒野独处

我们习惯了与人相处,与物相处,但我们却很少与自己相处。特别在日益繁忙的今天,我们与自己独处的机会越来越少。而当我们真正有了闲暇的时光,也不知道如何去享受这份闲暇,往往觉得无聊,向外寻找乐子,荒废日子,但回头又觉得空洞、乏味。

独处的核心价值就是跟自己在一起。当一个人身处荒野时,或清晨,或傍晚,或晚上,只需感受呼吸、心跳、打开五感,接纳万事万物,不管思绪如何来干扰;不管蚊虫如何侵犯;不管外面发生什么,只需给予自己关注,觉醒自己在做什么即可,此刻,你就是你,与外界无任何关系。

独处的时间根据独处方式而不同,独处方式可以选择面对任何一处自然物坐着,比如一座山,一面湖水,约30分钟为最佳;如果在白天,则可以任选择一个最佳的位置,去绘画,去创作,完全沉浸在自己的世界中;在晚上独处时,切记不要打开任何有光亮的设备,可以站着,也可以坐着,只是感受静谧即可。

(六)荒野吟唱(诗)

众所周知,手机(网络)已经成为人们日常生活的一部分,虽然它方便了人们的生活,但人们的思维却逐渐被网络化、定格化,我们所有想知道的"真相"似乎都能从网上查询得到,不论真假,都被我们大脑全部吸收。这导致我们的思考能力变得迟钝、僵硬,我们也懒于去书写,懒于去安静,懒于去发现生活中的细节。虽然人们也有理性,但更多只是用在了对付生活和粉饰自己,而不是灌溉自己的灵魂。

所以,我们要走进自然,走进荒野,用感性去体验自然带给我们的自由和放松,而这一切正好与人们的心灵需要单纯地要求相吻合。正如前一节所描述,荒野自带诗意,自带隐喻,当参与者的心扉足够开放,足够放松时,富有内涵的文字或诗句便会自然产生,这一刻不需要理性的思忖和考虑,文字便如春雨般洒落在洁白的底稿上,再朗诵或自己谱曲吟唱出来,便是一次成功的触及心灵的疗愈。当活动结束,或一段时间后,让体验者重新回过头来修改自己的作品,重新吟唱和吟读,更是不一样的味道。

荒野吟唱(诗)可以结合五感疗法、露营、荒野独处一同开展,作为一次疗愈的高潮部分进行设计。

(七)荒野对话

这个社会,人人都在说话,认真在听的人很少。荒野对话不是闲聊,荒野对话是针对大家自身存在的共性问题或现象，进行深入交流和探讨，比如荒野是什么？荒野疗愈的本质、生活的不确定性等等，从最初的感性层面，最终上升到形而上学的理性思考，从渺小到整体、从表面到心底，荒野对话是思想的流淌，是内心的独白，因此是要抵触心灵的。

荒野对话不要求人太多，一般3~5人为一组，每人可以写1~2个话题，然后阐述话题的原因和意义，最后大家举手表决，选出本次对话的主题。荒野对话可以结合荒野露营、自然或心灵电影、荒野行走进行。对话不要求有最终的结果，只强调对话本身，过程中没有批判，没有是非对错，只有聆听和针对性的表达，允许疑问，允许答疑。

第五章

森林疗养实践

森林疗养的应用场景非常多样，应用非常广泛。不同国家有不同的主要载体，德国的自然疗养地、日本的森林疗法基地、韩国的自然休养林、我国的乡村民宿都在应用森林疗养。在教育领域，森林幼儿园、自然学校、拓展训练营地，广泛应用森林疗养。在福祉领域，养老机构、儿童福利院、残疾人服务设施，森林疗养技术可以给予支持。在医疗领域，康复医院、社区门诊、心理治疗与森林疗养的结合点更多。另外，社区花园、自然疗养公园、甚至是荒野，都能践行森林疗养。

第一节 福祉领域的森林疗养实践

现在有各种用于关怀的福利设施，例如残疾人设施和老年人设施等。在欧美，对于残疾人与老年人的关怀，不是由设施来完成，而是转变为由地域共同体负责。但是在日本，由福利设施实施关怀仍然是巨大的支柱。在这种背景下，各种社会福利设施将森林疗养作为一种业余活动、休闲方式、转换心情的环节之一。另外，面对残疾人时，森林疗养也可以作为治疗与关怀的一环。还有许多设置在远离街道的福利设施。如果在这些设施周围有可以用于散步的森林环境，在设施条件的允许范围内，作为设施的每天的习惯活动之一，则有进行森林散步和活动的可能性。

为了给残障人士创造就业和技能培训机会，帮助残障人士自立，很多国家为残障人士建设了福利设施。在日本，这种福利设施被称为"授产设施"。位于山梨县甲府市的一处特殊授产设施，名字叫作"水青冈之森"。在那里不仅能够烤面包、做蛋糕，还能享受森林疗养。

"水青冈之森"位于一个被称为"武田之杜"的县立公园内，公园区分为健康之森、树木标本园、山梨县鸟兽中心、天神山园地等各类空间，像"水青冈之森"这样用于健康管理的森林约有 200hm^2。从 2008 年开始，武田之杜森林管理所开始针对残障人士定期开展森林疗养活动，刚开始是一个月一次，从 2009 年开始增加到一个月两次。

"水青冈之森"所编制的森林疗养课程非常简单，主要是森林漫步、作业活动和放松训练。具体来说，早晨9：30集合出发，首先进行20分钟的森林漫步；再进行30分钟的粉碎木片或为菌棒接种菌根的劳动；紧接着搬运5分钟的原木；然后再进行15分钟的森林漫步；之后找到一棵自己中意的树，把自己的名字和愿望写在纸上，并挂在树上，整个过程约10分钟；然后享受25分钟的落叶浴（将身体埋入落叶中）；之后继续进行25分钟的森林漫步；活动结束之后，体验者还要互相交流10分钟感想。

"水青冈之森"的最大接待能力是20人，但是平常这20人并不都是残障人士。一般情况下，福利机构会派出3名管理者，公园管理署也会派出4名工作人员陪同，有时还要聘请2名像上原严这样的专业人士进行指导，所以每次参与活动的残障人士不会超过10人，基本上每个残障人士都可以得到一对一的照顾。

初次森林疗养活动结束后，福利机构的管理人员就发现："大家的表情比以往更丰富了""有些人开始主动打招呼了""他们很愿意参加森林疗养活动""没想到他们还能够种蘑菇"。后续的跟踪研究表明：定期参加森林疗养的残障人士，更容易适应环境，攻击性行为减少，相互交流能力得到提高，自我表现和自我发现意识得到增强，脸部表情也开始丰富起来。

韩国的森林疗养以公立为主，私立为必要补充，并不完全是市场行为，政府为经营者提供优惠贷款或者免费安装游憩设施。2013年，森林休养的投资总额达1.212亿美元，其中1/3的资金源于国家扶持建立的各种社会基金。到目前为止，韩国山林厅策划和运行着涵盖"从出生到死亡"不同生命时期的山林福祉服务课程。森林胎教是第一阶段，包括青少年、中老年、树木葬在内，男女老少都能体验山林福祉服务。

韩国青太山自然疗养林位于江原道横城郡，由韩国国立自然疗养林事务所管理，占地面积403hm²；同时也是韩国育林示范区。林中栖息着各种野生动植物，如同一个大型的自然博物馆。为了方便游客游玩，青太山自然疗养林修建了森林教室、小木屋、林中修炼院、休养馆、露营地、烧烤屋、手工坊、学生宿舍、木栈道等。由于该自然休闲林地处幽静地带，人口密度小，环境优美又富有情调，且住宿费用低廉，因此深受游客欢迎。

第二节 医疗领域的森林疗养实践

"森林疗养院"或称"绿茵疗养院""花园医院"，是近年来在俄罗斯、德国、日本等国家新出现的一种独特的"闻香"疗病医院。医院建于森林中（特别是针叶林），不吃药、不打针，主要是通过患者在森林中住宿一段时间及活动，用散步、慢跑、打太极拳、读书、下棋、绘画、唱歌、游戏等形式，呼吸森林中树木散发出来的芳香气味。这种芳香物质是以异戊二烯为基础的萜烯物质(单萜烯、倍半萜烯和双萜烯),人体吸入这些物质,可以达到治疗疾病,强身健体之目的。森林疗养院一般都建在高山森林中,以针叶林中为最好。针叶林为松、柏、桧、杉、云杉、冷杉、铁杉等,它们能散发出萜烯物质。据有关专家测定,每公顷针叶林,每天散发的萜烯在 2~5kg,萜烯有很强的杀菌能力,能杀灭白喉、伤寒、疟疾杆菌、沙门氏菌、结核杆菌,有增强抗炎、抗癌和增强机体免疫能力的作用,故称为"森林杀菌素"。萜烯中含维生素原,可直接被人吸入肺部,故又称为"森林维生素",萜烯物质在氧化过程中产生过氧化氢,从而增加空气中的臭氧"阴离子",有很强的杀菌作用。此外,阔叶林中的银杏、宿轴木兰、香果树、鹅掌楸、香榧等树,也能分泌气态芳香物质,含氧量高并富含阴离子,对人体有补养强壮作用。

　　国际上,德国是唯一一个将森林疗养纳入国民医疗保险体系的国家。在德国,国民可以在保险范围内,每 4 年享受 1 次为期 3 周的森林疗养。德国早在 19 世纪中后期就已经建立"森林医院",并提出了"森林向全民开放"的口号,规定所有国有林、集体林和私有林都向旅游者开放,每年森林游憩者近 10 亿人次。德国是森林疗养的发源地,其森林疗养发展模式有两个特点,一是森林疗养偏重于治疗功效,森林疗养课程已被纳入医疗保障体系,经医生处方后,患者进行森林疗养是不需要额外支付费用的。黑森林疗养院位于距离德国巴登-巴登市 60km 的拜尔斯布隆,交通便利,空气清新,群山环抱。黑森林疗养院自 1974 年至今,已有 41 年的历史。疗养院外围的奥斯河,河水源头来自阿尔卑斯山,可直接饮用,含氧量高于杭州花圃 300 倍。黑森林疗养院占地 2.5 万 m^2,拥有套房 4 间,行政标间 42 间,豪华单间 91 间,配备世界上先进的体检设备、水疗中心;疗养院区内设直升机停机坪、高尔夫场、网球场、大型停车场、游泳池、咖啡厅、健身房、按摩中心以及可以同时容纳 200 人的豪华餐厅;服务团队 60 余人,并与慕尼黑皇家医院和弗莱堡医学院达成全面亲密的合作关系。来到这里,不仅可以呼吸新鲜的空气,品尝纯净的水源、安全的食物,更可以享受优质服务。

　　日本民族是全世界最长寿的民族,其长寿的主要原因是注重饮食,均衡膳食,和睦共处,精神愉快,重视体育锻炼,环境绿化好,医疗保健完备。归纳其休闲养生之道主要有美食养生、沐浴养生、医疗养生、生态养生、运动养生、游乐养生。长崎以其得天独厚的自然环境,充分体现了日本休闲养生的精髓。长崎是日本九州岛西岸著名港市,长崎县首府。长崎位于日本的西端。面积 406.35 hm^2。长崎医疗体制健全、医疗质量和服务水平高。近期开辟了医疗旅游体验活动,以吸引更多东亚游客。具体安排是,3 晚 4 日行程之中的一天在一家医院度过。游客首先在医院接受"诊断",然后才开始在长崎市的观光之旅。

夏目漱石在日本近代文学史上享有很高的地位，旧版 1000 日元的人物头像便是夏目漱石，漱石是他的笔名，取自"漱石枕流"（《晋书》孙楚语）。1900 年，夏目漱石前往英国留学。刚到英国的时候，日式英语在英国处处碰壁，国家给的留学经费也不太够花，偏偏这个时候，夫人的来信也中断了，一系列挫折让夏目漱石患上了神经衰弱症。当时英国一个叫约翰·亨利·迪克森的医生帮助漱石渡过了这个难关，他把漱石接到了皮特洛奇疗养基地，皮特洛奇地处高原，空气清新、溪水潺潺、森林茂密，是英国有名的疗养胜地。在约翰的悉心安排下，夏目漱石每日在森林中爬山、散步，与当地农民闲聊，在这里悠闲地度过了 3 周，神经衰弱症状显著缓解，才得以继续完成学业。

轻井泽于东京，就像北戴河于北京一样，都是离大城市较近的避暑胜地。轻井泽平均海拔 1000m 左右，落叶松和白桦生长茂盛。在肺结核还是医学难题的年代，森林疗养曾让很多来到这里的人恢复了健康。堀辰雄和神谷美惠子就是这其中的典型代表。堀辰雄是作家，神谷美惠子是心理学家，两位都年纪轻轻就感染了肺结核。他们在医生的安排下来到轻井泽，通过森林静息、漫步和调整饮食等方式，替代药物治疗。森林中芬多精和负氧离子保住了堀辰雄、神谷美惠子的性命，也成就了在日本文坛和心理学领域的两个佼佼者。

高血脂分为原发性和继发性两类，原发性与先天遗传有关；继发性多数是由于代谢紊乱，与饮酒、吸烟、饮食、体力活动、情绪活动等有关。对于继发性高血脂的治疗，控制体重、运动、戒烟和调整饮食都是有效的治疗方法。2015 年，解放军 313 医院的一项研究成果，为森林疗养有效治疗高血脂增加了新证据。研究者将患有轻中度高血脂的男性基层军官随机分为两组，一组只接受常规疗养；另一组在常规疗养基础上，每日早晚进行森林漫步和腹式呼吸，每次 30 分钟；但是两组均不服用任何降脂类药物。15 天之后，研究者重新测定疗养对象的血脂水平。结果发现，两组疗养对象的血脂水平均有明显下降，但接受森林疗养的军官血脂下降程度更大，而且与对照之间的降幅差异具有统计学意义。另外，很多研究者认为，森林中的负氧环境对轻中度高脂血症有较显著疗效。陶名章等人利用负氧离子发生器，对高脂血症的临床效果进行过深入研究，结果表明：与传统药物治疗相比，负氧离子能更有效地降低高脂血症患者的三酰甘油水平。

第三节　心理领域的森林疗养实践

森林除了医疗、观赏等作用外，还是进行心理、道德教育的好地方。森林旅游已引起医学家、心理学家、生物学家、建筑学家、林学家、地理学家的重视。许多科学家认为：森林、山川美丽的风光有助于培养良好的性格和高尚的情操。

美国著名的建筑学家西图爱尔说过：人的性格和情操的培养，不仅受着优秀的著作、电影以及高尚人物交往的影响，而且还受着大自然风景的陶冶。森林中高大挺拔的树木，各种花草独特的芳香味，风掠林梢的林涛声，悦耳的鸟鸣声，潺潺的流水声，静谧的林中空地，令人陶醉的空气等，都有利于身心之健康。

健康的森林能满足人类深层次的心理需求。人类的漫长历史岁月是在森林中度过的，森林为人类提供了心理和生理上的庇护场所，满足人类的种种需求。因此，人类对森林有着积极肯定的情感。人们一旦进入森林，这种感情就会爆发出来，心理自然得到镇静，中枢神经系统得到轻松，全身得到良好的调节，并感到轻松、愉悦、安逸，人们因环境紧张或者心理因素引起的疾病，在森林的这种奇特功能的作用下会不治而愈。

贝多芬在耳聋情况下，完成了旷世巨著《第九交响曲》，让世人所惊叹。可事实上，贝多芬曾想过自杀，遗书也写了好几次，让他战胜了绝望的，不仅是对艺术的执着，还有定期的森林疗养。在医生的劝告下，贝多芬定期到维也纳郊外的巴登小镇（Baden）进行疗养。这个巴登小镇并非德国巴伐利亚州的巴登-巴登，但是这里的森林、硫黄温泉和溪谷同样非常有名。贝多芬在这里过着隐士的生活，每日到林中漫步，纾解耳聋的烦恼。贝多芬不止一次说，巴登的环境让他想起了他的出生地。言外之意，贝多芬找到了安全感，心里有了归宿。所以从心理层面来看，森林疗养对贝多芬的治愈效果是非常显著的，也是森林疗养帮世间挽留住了这位旷世奇才、音乐大师。

历史表明，人类的漫长童年是在森林中度过的，而且森林在不同的时期，都提供了人类心理和生理上的庇护场所，满足了人类的种种需求。根据巴甫洛夫的"大脑动力定型"理论，人类早期的这种积极肯定的情感，已经映入了人类大脑皮层深处，形成了一种潜在的意识。因此，尽管人类已从森林中走出，走入了城市与田园，然而这种深层次的要求时时会表露出来，影响到人们对森林的感情和需求。人们一旦进入森林，这种感情积愫就会爆发出来。人好像回到了童年，甚至母胎中的美好境界，心理得到镇静、中枢神经系统得到轻松，全身得到良好的调节，并感到轻松、愉悦、安逸。许多因环境紧张或者心理因素引起的疾病，通过森林的这种功能会不治而愈。

森林疗养对常见精神压力疾病的治愈效果见表1。

表1 森林疗养与精神压力疾病

疾病名称	治愈效果	疾病名称	治愈效果
肥胖	○	肥胖	○
高血压	◎	强迫症和不安症	◎

(续)

疾病名称	治愈效果	疾病名称	治愈效果
糖尿病	○	更年期障碍	◎
高血脂	○	斑块脱发	◎
冠心病、心肌梗死	◎	酒精依赖症	◎
消化性溃疡	◎	惊悸	◎
过敏性肠炎	◎	摄食障碍	◎
慢性闭塞性肺炎	○		

注：◎治疗效果已证实 ○治疗效果待证实　　　　　资料来源：www.fo-society.jp

现在围绕学校环境有多种多样的问题，由于家庭变故、网络中毒和校园暴力等原因，让很多青少年置身危机之中。对于这些问题，森林疗养不仅是休养的方法，也能够作为疗愈的手段。韩国媒体做过一项调查，79.2%的国民和76.4%的患者对森林疗养持正面态度。2012年10月，韩国山林厅专门策划了"预防校园暴力、平复孩子内心伤害"的森林疗养活动，2013年这项活动增加到了27场。

通过森林疗养预防心理问题，适用于青少年，也适用于幼童。据2012年4月出版的《幼儿教育学论文集》披露，与一般幼儿园相比，森林幼儿园的幼童在身高、体重、肌肉量、敏捷性和情绪控制等方面都具有优势。韩国从2008年开设森林幼儿园，当时仅仅8家，2011年迅速增加到110家。到森林幼儿园接受锻炼的孩子，从最初的1.3万人，迅速增加到24万人。

城市生活节奏快，人们要面对激烈竞争，要处理纷繁复杂的矛盾，长期处于高度精神紧张状态，很多人都有失眠问题。有资料显示，欧洲失眠发病率约为22%，我国失眠发病率也超过17%。研究表明，引发失眠的原因是多方面的，而治疗失眠的方法也有很多种。服用安眠药物是最直接、最有效的一种方式，但是服用安眠药物会影响次日认知能力，而且长期服药还会产生药物依赖等不良后果。

飞行员训练强度大、从业风险高，容易发生睡眠障碍。而睡眠不足会严重影响飞行员的注意力、警戒力、记忆力和判断力，增加飞行风险。为了避免产生药物治疗的不良后果，现阶段主要是通过物理治疗方法来改善飞行员的睡眠状态。2014年，沈阳军区兴城疗养院尝试用"森林浴"对飞行员睡眠障碍进行干预。研究者将睡眠指数相同、年龄相近的飞行员分为两个小组，一组只接受常规疗养，另一组在常规疗养之外每天接受一个半小时森林浴。三周之后，研究者对飞行员的睡眠质量进行重新评估。结果发现，接受森林浴飞行员的睡眠质量改善程度要明显优于常规疗养组。

其实有关"森林疗养和睡眠改善"的研究并不是个案。原广州军区疗养院调查分析了"森林疗养"对 323 名军队疗养人员睡眠质量的影响,发现"森林疗养"对提升睡眠效果、睡眠感受、睡眠可持续性和缩短睡眠潜伏期等具有显著效果。森林疗养改善睡眠的机理目前还不明了,但是大量临床研究表明:森林中的负氧离子能够促进单胺氧化酶(MAO)的氧化脱氢基,降低脑及组织内的 5-羟色胺(5-HT)水平,对自主神经系统有良好的调节作用,能够改善睡眠和调节神经衰弱。

在一些发达国家,为了把握企业员工的心理负担程度,通常会对员工进行"压力调查",并基于压力调查结果,由医生进行面谈指导。从 2015 年 12 月 1 日起,日本开始实施"企业员工压力调查制度",将员工压力调查作为企业应尽的义务,用法律形式固定下来。森林疗养虽然和"压力调查制度"没有直接关系,但是作为最直接的预防对策,森林疗养的减压效果是被广泛证实的。所以森林疗养有望能够作为压力调查后的"自我保健方法",得到广泛推广。日本森林疗养协会正是敏锐地认识到了这一点,2016 年 1 月 15 日,日本森林疗养协会专门召开了名为"压力调查制度导入和森林疗养应用"的主题论坛,邀请企业人事主管、心理医生、心理咨询师、森林疗养师、森林向导等相关人士聚集一堂,专门探讨如何利用压力调查制度来推广森林疗养。

第四节　康复领域的森林疗养实践

康复疗养旅游是以治疗疾病、康复疗养为目的的特殊旅游形式,它以治疗、康复为主,娱乐和观光为辅,是旅游、医疗的有机结合。康复疗养旅游主要是凭借疗养地所拥有的特殊自然资源条件、先进或传统的医疗保健技艺和优越的设施,将休息度假、健身治病与旅游结合起来的专项旅游活动。具体包括为治疗和康复而进行的气功、针灸、按摩、矿泉浴、日光浴、森林浴、中草药药疗等多种形式的旅游,以及高山气候疗养、海滨、湖滨度假等。康复疗养旅游一般都有明确的目的,以治疗、康复为主,娱乐和观光为辅,是旅游、医疗的有机结合。

康复疗养类型分为健康疗养、慢性病疗养、老年病疗养、骨伤康复、职业病疗养等,大多康复疗养旅游区有各自的特点和疗养适应症。康复疗养的时间较长,以一星期至一个月为主。疗养的科目也规范,并配备了专门的体能教练,出操、爬山、理疗、听讲座、参加各种文体娱乐活动,然后是体验、治疗等。自 20 世纪 70 年代起世界上出现了人类追求森林浴的热潮。美国、日本相继出现森林医院,日本 60%的国民参加森林浴。他们研究了健康与森林的关系后,公认森林浴是有益于人体健康的三浴之一(海水浴、日光浴、森林浴)。后德国医疗界又提出了"森林对全民开放",并经过临床测试得出森林浴后人体能增强抗病能力,加快机能调整、恢复。

目前在俄罗斯、美国、日本已出现了香花医院。在香花医院里,治愈疾病靠的不是先进的医疗设备和昂贵的药物,而是一年四季中不断交替开放的鲜花,医生采取的主要医疗手段是让病人吸入一定剂量的花香气。日本东京开设"原宿诊疗室",它的休息室大约 $20m^2$ 的面积,一进入就会闻到阵阵花香,令人心情舒畅、愉快,忘却烦恼,而"香味"来自放置于角落的薰衣草,这家诊疗室主要治疗的是源自病人过度紧张引起的疾病。

第五节　　职工疗休养领域的森林疗养实践

在我国职工疗休养是社会保障体系的重要组成部分,也是职工的一项基本权利。职工疗休养工作既是一项民心工程,又是一项凝心聚力工程,是劳动者休养生息的福利事业。组织开展职工疗休养活动是工会组织服务经济社会发展,维护广大职工身心健康,增强职工幸福感、获得感的重要工作。随着国民养生理念普及化,人们追求健康养生态势持续增长,以调节身心健康,改善身体机能为主要功能的森林疗养活动越来越受欢迎。

一、森林疗养与职工疗休养融合发展

随着经济的快速发展,城市生活的节奏越来越快,人与人之间的竞争越来越激烈,大多数人们长期处于高度精神紧张状态,伴随着失眠、亚健康等各种心理问题。

森林是大自然赋予人类的珍贵礼物。在那辽阔无垠的绿色海洋中,树木和谐生长,阳光透过枝叶斑驳洒下,鸟鸣清脆,风声轻柔,仿佛一首亘古不变的自然交响曲。在这个快速发展的时代,城市喧嚣、压力繁重,许多人渴望回归自然,寻找内心的宁静。很多研究已证实,森林环境中的芬多精、负氧离子、绿视率等因素对人体生理和心理健康具有显著的积极影响。它们不仅可以增强免疫力、降低血压、改善呼吸系统功能,还能有效缓解压力、提升情绪、改善睡眠质量。

在这个的背景下,森林疗养与职工疗休养融合发展应运而生,以其独特的方式为职工提供了一种心灵和身体的双重解放,同时也是林业生态价值的体现、是推动文旅市场消费、助力乡村振兴战略的重要抓手;是践行绿水青山就是金山银山的理念,站在人与自然和谐共生的高度谋划发展、实现经济发展与生态环境保护共进共赢的重要举措。

森林疗养可以提高职工疗休养的技术含量,让疗休养干预方式更科学和更有针对性。比如,帮助密闭空间工作人员调整感官刺激,帮助办公室文员改善久坐

综合征，帮助教师释放情绪，不同职业群体有不同特征，森林疗养能够按照相应需求制定和实施有针对性的干预方案，这样才能提高疗休养的效果，才能提高公众对疗休养产品的价值预期。另外，即便是同一职业群体，也会有个性化需求，有人可能倾向于改善睡眠、有人倾向放空自己、有人希望抗衰老、有人希望防过敏，所以对接职工疗休养需求，基地最好有明确的主题，或者能够提供不同主题的个性化疗休养方案，而对于这些主题森林疗养也具有较成熟方案。当然，很多机构希望把职工疗休养作为团队建设的机会，对于这一需求，森林团体心理疏导和户外拓展训练也都有成熟方案。

森林疗养与职工疗休养融合发展应充分考虑个体与森林环境差异对结局指标的影响，创建适合职工群体缓解心理压力与焦虑的优质森林疗养课程。

二、森林疗养与职工疗休养融合实践案例

随着社会的发展，很多单位对员工的心理健康越来越重视，组织开展了各种形式的疏导心理、增进健康的活动，以帮助员工及时调整心理状态和缓解工作压力，提升心理素质，更好地投入工作。

(一) 森林疗养对企业人群健康的影响

冯彩云、赵小玲带领来自新东方的企业人群在森林和城市环境中参加森林疗养活动后，发现森林漫步、团建自然游戏、园艺疗法能够快速打开五感，有效降低心率、血压，激活副交感神经活动，减轻焦虑，增加积极情绪，让员工在森林疗养中得到团队力量的滋养，提升团队的凝聚力。

(二) 森林疗养对管理人群健康的影响

范永霞、宋晓珍带领来自国家林草局人事司的人群在八达岭国家森林公园参加半天的两场森林疗养活动后，发现自然名、森林毛毛虫、信任之旅、折叠诗、一米世界、同频共振等环节中，体验者之间的交流与互助，欣赏与赞美，都在潜移默化地发挥团体动力，有助于重塑生活、工作的热情与信心，感悟生命的美好。

(三) 森林疗养对科研院校人群健康的影响

冯彩云、郁东宁多次带领来自中国科学院、中国农业大学、中国林业科学研究院等科研院校的亚健康人群在百望山森林公园开展森林疗养活动，发现森林漫步、健身气功八段锦、草本茶能够有效打开亚健康人群的五感，舒缓压力、放松心情，提高睡眠质量。

第六节　教育领域的森林疗养实践

东京农业大学的上原严教授曾在长野县立高中担任过多年辅导员，且具有心

理咨询师资格，森林心理疏导一直是他最擅长的森林疗养课程。经过多年摸索，上原严的森林心理疏导程序已经相对固化。如果是多位高中生，上原严首先会做一个整体说明，引导高中生在森林中漫步熟悉环境，然后通过随机分组让体验者互相倾诉，之后是森林自我疏导，最后还有团体心理疏导的环节，整个流程大约3~4个小时。这套森林心理疏导方法看似简单，其实每个环节都有特别用意。

（一）引导步行

为了让体验者掌握活动地域的森林环境，上原严会引导体验者在森林中散步，这样可以提高体验者对森林环境的适应，缓和初次进入森林的不安情绪。

（二）分组倾诉

上原严让没有抵触情绪和负面印象的体验者两个人一组，分组活动。分组完毕之后，组员之间要自我介绍，上原严会在这个时候提示倾诉技巧，并要求体验者"寻找对自己来说比较舒适的地方"，一方在寻找中意场地时，另一方要一直陪伴，并专心倾听对方说话。通过这种方式，让体验者感受陪伴的力量，认同自己说话的价值，也体会别人的难处。另外也通过比较各自中意场地的差异，了解人与人的不同个性。

（三）自我疏导

小组行动结束以后，上原严会分发四张卡片，分别写有"请将现在浮现脑海中的问题写下来""请写出解决这个问题的方法""现在在森林中想起的是什么？""走出森林后，接下来想做哪些事情？"。体验者会携带这些卡片进入森林中漫步，并在各自中意的场所自由写下答案。上原严事先通知不回收答案，所以体验者可以毫无顾虑地回答问题。在心理学领域，将这种自我疏导的方法称之为内观疗法。

（四）团体疏导

当体验者再次返回集合地点之后，上原严一般会安排团体疏导环节，让体验者分享各自森林选择过程以及心情和感想。及时分享每一个感想，共同见证森林疗愈效果，这是森林疗养的魅力之一，但有些体验者会对人群中自我表露感到不舒服，或者感受到压力而拒绝，这时要尊重体验者的想法与立场，不能刻意勉强。

第六章

森林疗养课程设计案例

森林疗养是为人服务的,所以作为服务方案的森林疗养课程是森林疗养的核心内容。森林疗养课程设计是为了解决在什么样的森林中、开展什么样的活动、对目标人群有什么影响的有目的、有计划、有组织的活动安排。森林疗养作为一种辅助替代疗法,引进中国已有十多年了,通过举办全国森林疗养课程设计大赛等形式,促进了森林疗养产品落地,扩大了公众对森林疗养的了解。赛事成果为森林康养基地、森林公园、自然保护区等单位发展森林疗养提供了参考。

第一节 亚健康人群的森林疗养课程设计案例

一、活动简介

根据世界卫生组织的调查,仅有5%的人真正健康,75%的人处于亚健康状态。亚健康已成为健康的隐患,如果不加以重视将导致严重后果。相关研究表明,森林富含负氧离子和芬多精,对提高人体免疫力、增进健康十分有益。本次活动森林疗养师带领体验者以"绿色养生健康人生"为主题,通过开展森林疗养课程,引导体验者打开五感、舒缓压力、放松心情,体验森林"疗"效,并指导体验者把本次森林疗养学习到的健康管理的方式方法运用到日常生活中。

二、活动安排(表1)

1. 时长:3小时
2. 地点:广东省佛山市顺德区大凤山公园

地点简介:大凤山公园位于广东省佛山市顺德区容新德胜路60号,因其山体似凤而得名,面积$0.23km^2$,主峰金钗顶海拔51.5m。大凤山公园在明清时期就有"凤岭秋晴"之美誉,现在被誉为容桂十景之一"大凤来仪",历史人文资源丰富。森林覆盖率为80%,森林为亚热带常绿阔叶林,优势植物为亚热带常绿阔叶树榕树、樟树、羊蹄甲、印度橡皮树、鱼尾葵、蒲葵等,常见动物为各种鸟类、昆虫，金钗顶有两个人工天池。

3. 地点优缺点

优点：森林状况良好，生物多样性丰富，设施完善，交通方便。

缺点：游客较多，可能会对森林疗养活动的开展产生一些干扰。

4. 参与对象及人数：亚健康人群共 6 人

三、活动目标

本活动旨在带领亚健康人群，走进森林，体验森林"疗"效。并把本次森林疗养学习到的健康管理的方式方法运用到日常生活中。

四、理论依据

森林环境包括物理因子、化学因子和心理因子。物理因子包括气温、湿度、照度、辐射热、气流（风速）、声音（瀑布的声音、树叶摆动的声音）等。化学因子源于植物（树木）的挥发性有机化合物，如萜烯类物质，也被称为芬多精（植物杀菌素），其中包括半萜、单萜、倍半萜、二萜和萜类。心理因子是人对于森林环境主观反映的评价，如森林环境的冷热、亮暗、紧张放松、美丑、好坏、休闲刺激、安静嘈杂、平淡多彩。

研究表明森林浴可通过减轻压力促进身体和心理健康，森林浴可减少交感神经活动，增加副交感神经的活动，通过减少应激激素水平，如唾液中的皮质醇及尿中的肾上腺素和去甲肾上腺素，稳定自主神经活动。森林浴也可降低前额叶脑活动、降低血压、产生放松的作用。如果到森林观光，可提高人体自然杀伤细胞（natural killer cell，简称 NK 细胞）活性和抗癌蛋白包括穿透细胞膜的穿孔素、颗粒酶 A/B 和颗粒溶素的表达，并确认 NK 细胞活性和抗癌蛋白的增加可在活动后保持 7 天以上，甚至 30 天之久。

五、活动道具

血压仪、相框、眼罩、彩笔、木头名牌、新鲜桂花、健身气功八段锦音乐等。

六、活动设计

活动整体流程安排。

表1

时间	活动名称	活动内容	物资	活动效果
9:00~9:30	前测、破冰、测量血压心率	初始面谈、自然名牌、自我介绍	血压仪、面谈表、木头名牌、线绳、彩笔	活跃了气氛，为后面的疗养活动创造了良好的氛围
9:30~10:00	热身	讲解并学习八段锦		为后面的森林八段锦打下基础
10:00~10:30	森林漫步	沿着生态步道漫步，在森林疗养师的指导下打开五感		与森林链接，打开五感，减压放松
10:30~11:00	森林毛毛虫	利用山地的地形变化和路面的不同材质，引导体验者做蒙眼毛毛虫游戏	眼罩	感受听到的声音、脚底的触觉、与前后体验者的互动，增加彼此信任
11:00~11:10	森林茶饮	小憩茶歇	新鲜桂花	打开味觉、休息调整
11:10~11:25	森林八段锦	八段锦	八段锦音乐	活动全身，祛除疲劳
11:25~11:35	森林留影	拍照相框画	相框	减压放松
11:35~12:00	终了面谈、总结分享、测量血压心率	总结活动、分享感受、测量血压心率	面谈表、血压仪	总结提升

（一）前期准备活动

勘察活动场地：活动前到公园举行3次踏查，掌握公园内的动植物资源、历史人文景观和相关设施资源，为开展森林疗养活动做好准备。

准备材料和道具有：血压仪、急救包、面谈表、木头名牌、线绳、眼罩、相框、彩笔、新鲜桂花、八段锦音乐等。

制定活动方案：活动前与体验者进行沟通；针对亚健康人群制定活动方案如，初始面谈、破冰游戏、做自然名牌、练习八段锦、森林漫步、森林毛毛虫、森林草本茶、再练习一遍八段锦、拍照相框画、终了面谈、总结分享。

（二）初始面谈、破冰游戏、做自然名牌、练习八段锦

首先初始面谈，了解体验者的身心状态，结果表明体验者中没有不适宜参加本次活动的人员。接着做破冰游戏，请每位体验者做自我介绍和介绍自然名，增加了相互间的了解，活跃了气氛。森林疗养师引导体验者，在活动全程大家都以自然名相称，在森林漫步前，由森林疗养师带领大家做了一套八段锦，舒缓了情绪，活动了全身。然后对注意事项逐条说明，并严格遵守本公园的各项进山守则。

(三) 森林漫步

森林漫步是有氧运动，具有缓解身心压力、调节自主神经的效果。沿着公园的生态健康步道漫步，步道突出的石头按摩脚底穴位，观赏着沿路变换的森林景观，摸一摸竹子光滑的竹皮、白千层粗糙的树皮。聆听森林鸟儿们时不时发出悦耳动听的叫声，闻一闻森林里植物散发的芬多精的清香和微风送来的若隐若现的桂花香气，满目尽是茂密的亚热带常绿阔叶树和热闹盛开的红艳艳的羊蹄甲花，阳光透过层层绿叶洒在身上，享受着大自然带来的美好时光，进一步与森林环境链接，愉悦心情，释放平日里的不快乐。

分享与交流：从来没有像这样漫步，在森林疗养师的引导下，打开五感，感觉大自然原来是那么美好。

(四) 森林毛毛虫

在凤鸣岐山步道，有几种材质铺装，利用这种路面的变化和地形，引导体验者做毛毛虫游戏。走过铺着碎石路、土路、水泥路的路面，感受听到的声音、脚底的触觉、与前后体验者的互动。

分享与交流：被蒙住眼睛才体会到盲人的不容易。因为注意力都放在了脚下，能更多地感觉到路面的变化。信任前面的体验者传出的信号，增加了体验者之间的信任。

(五) 森林草本茶

做完前面的几个项目后，森林疗养师引导体验者们小憩茶歇，泡上在森林里采集的新鲜桂花和带来的饼干、巧克力，补充能量。桂花茶可养颜美容，舒缓喉咙，改善多痰、咳嗽等症状，还可缓解十二指肠溃疡、荨麻疹、胃寒胃疼、口臭等。

分享与交流：森林草本茶绿色健康、天然无污染，是大自然给予人类的馈赠。

六、练习健身气功八段锦、相框画、终了面谈、总结分享

在山顶天池边，森林疗养师又带领大家练习了八段锦，以活动全身，祛除疲劳，同时巩固前面的练习，为回到家里平日练习八段锦、锻炼身体打下基础。临

近活动结束，森林疗养师发给体验者相框，相框画与终了面谈穿插进行。经过前面的环节，体验者都熟悉了，也充分与森林链接了，体验者们纷纷与美丽的大自然合影留念。

分享与交流。这次活动和以前参加的户外活动不一样，以前来过这个公园，只是沿着生态步道健步走，这次在森林疗养师的引导下充分打开五感，心情非常好。大自然真美，听到的鸟声是有节奏的、欢快的，闻到的空气都是那么清新的，心情也跟着顺畅了。希望这样的活动参加的人越多越好，让大家来体会森林给人们带来的美好感受。

七、规则与要求

1. 活动准备

请体验者自备好饮用水、食物，穿着适合运动的衣裤、防滑鞋，自带墨镜、防晒霜、登山杖、常用药品。参加的体验者需无重大疾病。组织者有权劝退不适合参加此次活动的体验者。

2. 实施过程中的要求和注意事项

遵守进山守则：最大可能的降低音量、避免对他人产生噪音及视觉污染。在现有的步道内行走，尽量留下最轻的足迹，不要走捷径。带走所有携入的物品，让所到之处保持原貌。不要掩埋垃圾，日后会露出来或被动物翻出，请将垃圾打包带走。带走照片、回忆，只留下轻轻的足迹！克制带回纪念品的冲动！尊重沿途遇见的动物，减少对自然的破坏。

3. 分享时，必须要有表达体验者心理感受和心理成长的记录。

八、评估方法及结果分析

初始受理面谈对参加人员现在的身体状况(身体、情绪、健康程度、头天睡眠、身体不适、血压等)、生活习惯(运动、用餐、烟酒、睡眠、生活方式等)、心理压力等数据进行收集，活动结束后终了面谈对参加人员的血压、身体、情绪、健康等数据进行收集，回顾五感，分享感受。

结果与分析案例如下。

(1)参加活动的人员均为中老年人，没有青年人参加(备注：按 WHO 规定，44 岁以下为青年；45 岁至 59 岁为中年人；60 岁以上为老年人)，可能与这个年龄段的人比较关注健康养生有关。

(2)参加活动的人员五感回顾印象最深的感觉依次为视觉(3 人选择)、其次为嗅觉、听觉和触觉(均为 1 人选择)，味觉没人选择。视觉选择的人最多可能与绿叶给人生机盎然视觉冲击力最大有关，嗅觉、听觉和触觉选择的人与森林漫步、蒙眼毛毛虫活动有关。味觉与没人选，可能与桂花茶在佛山市非常常见，没有特别的印象有关。

(3) 除了 1 人的血压不变，其他人的血压在森林疗养活动前后都有明显变化。一个有 20 多年高血压史的体验者体验前血压 141/98，体验后血压为 119/72。这可能与参加森林疗养活动心情舒畅、身心放松有关。

(4) 在终了面谈，所有体验者均表示达到了预期效果。

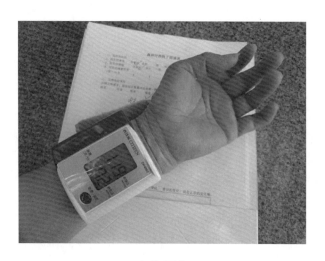

初始面谈

森林漫步

第六章 森林疗养课程设计案例

蒙眼毛毛虫

森林草本茶

(本节由冯彩云供稿)

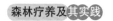

第二节 亲子活动的森林疗养课程设计案例

一、活动简介

在读的研究生课题刚好是研究环北京地区城乡儿童的时空间,在不同区域的小学学校门口收集到的调研问卷,反映了儿童的课外时间与节假日不是在去上培训班的路上,就是在做作业,本该是无忧无虑的年龄却远离了大自然,脱离了游戏天性。而大多数父母都有自己的工作,会有很多工作的压力和焦虑。与孩子的沟通互动时间短,彼此之间爱的流动空间不足,不如一起去自然,一起游戏,一起协作,一起打开心扉,心与心链接更紧密。

在自然里通过森林疗养与心流学习法的结合,让成人与孩童一起回归森林,激发童趣,永存童心,在绿色的世界里共舞共生。

二、活动安排(表2)

1. 时长:6小时

2. 地点:北京奥林匹克森林公园北园大树园

地点简介:北京奥林匹克公园北部,占地 $680hm^2$。作为北京城市中轴线的北端终点,森林公园提出"通向自然的轴线"的概念,轴线逐渐融入自然,并消失在森林中。北五环路穿公园而过,将公园分为南北两园,南园以人工景观、休闲娱乐为主,北园则以生态园林、自然野趣为主,两园通过中轴线上跨越五环路的一条生态廊道相连。

3. 地点优缺点

开展森林疗养的优势:占地面积大,环境元素多,变化情景丰富;拥有自然原生态,也有人工景观,可参与和使用的元素较多;可运用多种动静态疗法;交通便利,所处位置出行便捷。

开展森林疗养的劣势:私密度比较低,活动中会有行人和公园车辆打扰;寻找活动具体地点会耗费时间;厕所等公共设施较少。

4. 对象和人数:6~12岁儿童的家庭、4~8组家庭(每组家庭至少包含一大一小)。

三、活动目标

通过在自然状态中运用心流学习法如下。

(1)为儿童创造接触自然环境的机会,让孩童亲近自然,提升专注力与游戏力。

(2)让成年人释放压力，放松身心，在自然里回归童真与自我状态。

(3)促进孩子与家长之间的情感交流，有助于形成和谐的家庭氛围。

四、理论依据

(一)心流学习法

在深度自然游戏中，唤醒身心潜能。心流式学习共包含4个阶段：唤醒热情，培养专注，直接体验，共享感悟。4个阶段逐步唤起人们的兴趣，提高人们接受能力，并与自然世界建立深刻的联系。通过心流学习法的4个阶段，游戏者和游戏本身和谐地连接成一个整体。

(1)唤醒热情：第一阶段的活动生动好玩，让学习变得有趣、有教育意义和体验性；学生与老师、学生与课程之间都建立起热情融洽的关系。

(2)培养专注：第二阶段的活动通过直接挑战身体的各种感官，帮助我们变得更冷静、专注，学会聆听大自然。

(3)直接体验：第三阶段的活动是与一个自然环境或者大自然中的对象建立深层联系。这些活动通常很安静，但意义深远。

(4)共享感悟：第四阶段的活动是用创意艺术来澄清和加强个人体验。这些活动的目的是营造一种陶冶性情、追求崇高的氛围。

(二)舞动疗法(运动疗法)

舞动疗法可以充分释放人潜在内心深处的焦虑、愤怒、抑郁、悲哀等不良情绪。舞动疗法中改善关系舞动可以平衡心智，改善物我关系，助人建立自知、自信、自主能力，增强社会认知、界限感和沟通能力，与他人和社会建立积极有效的关系，从而提高个人体态、自我意识、注意力和交际能力。舞动疗法中身体机能舞蹈作为一种美的享受，可调节大脑皮质，调节神经功能，改善循环和呼吸系统的功能。舞动应用于心理辅导帮助修补个人成长时期所缺失的心智发展需要，帮助建立与年龄相应的自我形象、行为类型和性别身份感。

(三)马斯洛需求第三层次情感和归属的需要

社交需求位于马斯洛需求层次理论的第三层，属于人类对归属感、友谊和社交互动的渴望。这些需求反映了个体希望与他人建立联系、获得认可和参与社会群体的愿望。

归属感：渴望与他人建立情感上的连接，加入社群或团队。

友谊：与他人建立亲密的关系，包括朋友和家人。

社交接触：与他人互动、交流和共享经验。

认可：希望获得他人的赞赏和认可，以增强自我价值感。

五、活动道具

1. 活动前：森林疗养活动准备及注意事项表，现场提前实地勘察，天气查询
2. 活动当天

开场会：签到表，名片贴。
与自然共舞：音乐，视频，蓝牙音响，充电宝。
蒙眼毛毛虫：眼罩，袜套。
家庭照相机：手工相框。
森林分享会：食物，垫子，水，鲜花，氛围摆件。

六、课程设计

表 2　课程设计

活动流程				
活动时间安排：15：00~19：00				
活动阶段	活动流程及内容	活动目的	活动/说明准备	时长(分钟)
评估/导入	签到及面谈	了解体验者的身体状态		
唤醒热情	姓名过家家	开场破冰，引导大家把每个人的名字用一句话串联到一个故事里，增进大家的熟悉度与创造力	提前准备开场语，规则清晰，开始前示范	20
唤醒热情	与自然共舞	1. 打乱原有亲子关系，体会不同人之间的合作共生 2. 用肢体展示自然状态，亲近自然，释放压力，回归自我 3. 共三轮：大小一轮，男女一轮，所有人一轮	分别准备写有"地水火风"自然状态的4张纸折叠起来，分别供四组人抽选。在准备一张写有"空"的纸张，供大家最后展示。	30(每轮10分钟)
中场休息15分钟				
培养专注和直接体验	蒙眼毛毛虫	锐化听觉和视觉，打开五感并且建立人与人之间的信任。两队，成人一队，儿童一队	行进路线的设计与规划，规则及前行说明	20
培养专注和直接体验	家庭照相机	锐化五感，打开心扉，专注于当下，增进亲子之间的关系，感受家庭之间爱的流动，以家庭为单位创造	按人数准备好相等数量的相框模型(如图)，规则的说明详见本章补充	40

(续)

		活动流程		
		中场休息15分钟		
共享感悟	森林分享趴	展示自我与团队在一起的感受，大地艺术的体验：从个体回归到整体的圆融感	规则说明：每个家庭按人数准备事物的数量，在此环节每人把自己准备的食物以大地艺术的形式摆放摆在垫子上，大家围绕食物席地而坐，边享用美食边进行分享	45
活动结束	后测，合照	合照带来结束的仪式感，后测了解体验者的感受，辅助活动后的复盘。	提前准备好拍照姿势指南，视频口号及素材	15

照相机说明。

"照相机"游戏，是共享自然活动中最有力量、也最让人难忘的游戏。通过简单的方式，参与者的纷乱思绪与不安定感就可以平复下来，更清明地觉察周边的世界。

"照相机"游戏需要以家庭为单位，两人一组，一个人当摄影师，一个人当照相机。摄影师需引导"照相机"寻找并抓取美丽风景。"照相机"的眼睛必须闭上，摄影师不能说话。当摄影师看到迷人的景致时，便将"照相机"指向该处，让"照相机"对准摄影师希望拍摄的景致。

然后，摄影师轻拍"照相机"的肩膀两下，示意他打开镜头(张开眼睛)；3秒钟后，再拍肩膀一下，示意"照相机"再闭上眼睛。如果第一次进行这个游戏，在拍第一张照片时，摄影师可以在拍肩膀的同时说"张开"，然后，在拍肩膀第3下的时候说"闭上"。

"照相机"在不拍照时都需要闭上眼睛，如此一来，3秒钟的"曝光"才会具有惊艳的效果。最好请摄影师和"照相机"走路时都保持沉默(只在绝对必要时才开口)，这可以帮助"照相机"收获更深入的体验。

七、规则与要求

1. 提前通知参与活动人员时间、场地和流程，避免迟到。
2. 参与人员着装简洁大方，方便适当运动。
3. 提前告知为非封闭活动，请大家做到心中有数。

4. 活动时，会留存图片视频作为记录，解释使用肖像权。
5. 听从组织者安排，切勿私自行动。
6. 森林疗养活动准备与注意事项表。
7. 活动过程中采用 LNT，大家不留一片垃圾和杂物，自行带走。

八、森林疗养效果评估方法及结果分析

1. 评估工具：简明心境量表

   森林疗养面访前测表和后测表
2. 评估结果：森林共享会的分享总结，以及活动之后的图文反馈

森林共舞

家庭照相机

第六章 森林疗养课程设计案例

亲子毛毛虫道具

交流分享

（本节由王娟娟供稿）

第三节　与文旅产业融合发展的森林疗养课程设计案例

一、活动简介

一部长城史，半部中华文明史。八达岭长城，地理位置独特，景色宏伟壮丽，其敌台建筑不仅形制完备，且规格极高。作为明代长城的精华部分，它不仅曾是军事上的重要战略地，更是中华民族融合的历史见证。因此，在八达岭长城上开展森林疗养活动，不仅是对"爱我中华，修我长城"40周年的纪念，对这一历史文化遗产的保护与传承，也是对森林疗养与文旅的结合提供了高的起点、影响力和价值；从技术路线上讲，也是对森林疗养行业之前大部分课程为模块化输出到整体性、多层次融合为主体的重要探索和创新。

本活动为系列活动，内容层层递进，各有侧重，将依次以《山河图之长城内外》《山河图之长城奇迹》《山河图之烽火密码》《山河图之长城家园》《山河图之长城图腾》《山河图之长城护卫队》为主题展开。

本次森林疗养课程将围绕"长城内外"的商贸主题，从链接长城环境、融入长城文化到重走茶马古道体验民营互市，在森林疗养师带领下，提高自我对于普遍安全与共同发展需求的认识，触发个人生命力与影响力的自我觉察。与自然融合，共建绿色家园。

二、活动安排

1. 时长：2天1夜
2. 地点：北京市八达岭长城，岔道村（古军营村落）

作为万里长城最精华的段落，八达岭长城是中国长城的金名片。八达岭长城山峦重叠，气势极为磅礴的城墙南北盘旋延伸于群峰峻岭之中，形势险要，是明代重要的军事关隘和北京的重要屏障。万里长城与400mm等降水线相契合，农耕文明与游牧文明相互碰撞融合，长城见证和参与了中华民族多元一体发展的历史进程。本次活动选择八达岭长城南4楼至南11楼，为游客较少的专属开放区域，植被丰富、环境得天独厚。

八达岭长城关城所在的位置是两条山沟最高处，因地势高，关城挖井取水非常困难，很难驻扎大量士兵，所以明朝嘉靖年间，在关城外修建岔道城。岔道城不仅军事位置重要，城两侧有边墙、联墩、壕堑、烽燧，构成了一个严密的防御体系，更有其特有的山水环境，"岔道秋风"是明清时期著名的"延庆八景"之一。

居住岔道村，重温明朝将士屯田、辽金元明清帝王驻跸等历史故事。

3. 对象和人数：森林疗养师家庭(亲子)、10 个家庭(20~30 人)

二、活动目标

(1)通过茶马互市整体输出的综合设计，帮助体验者在环境与文化的厚重输入中，通过森疗课程正确认知人与自然、人与他人、人与自己的关系。将个人厚植于历史长河中，汲取智慧之源，改善人际关系，促进社会交往，提高放松感、提升幸福感。

(2)通过链接长城及周边环境，五感打开，提高神经元压力阈值，改善认知能力，增强自尊。同时，降低心率指数及血压，恢复皮质醇水平潜力，增加自然杀伤细胞活性，开阔心胸，缓解压力。

(3)通过攀登长城进行"绿色运动疗法"，强健肌肉、增强心肺功能，运动会增加体内血清素、去甲肾上腺素和多巴胺，缓解焦虑、沮丧、抑郁等消极情绪，积极塑造自我健康感。

(4)通过亲子家庭互动、即兴戏剧等活动环节，建立身体健康模型概念，用头脑风暴、认知重塑法和脱敏法，学习采用积极的问题解决方法来建立积极适应性观念，增强社会属性，改善亲子间的关系。克服惰性，收获交流技巧训练和自信心训练方法。

三、理论依据

1. "Biophilia 假说"("亲生物性"假说)

即人类天生热爱大自然。科学研究表明，接触自然可以产生神经医学疗效，例如，刺激脑部回路，降低压力荷尔蒙，以及提升思维和认知功能等。森林疗养发挥作用有"森林—心理""森林—生理""森林—心理—生理"3 种途径，从作用因素来说"五感的舒适性"及芬多精、负氧离子、森林小气候的适应症有心理疾病和与压力有关的疾病，具体包括消化道、肠炎、肺炎等问题。大部分学者研究认为是森林疗养缓解了压力，从而促使生理指标发生变化。

2. 五感疗法

五感体验是森林疗养活动中最基础的疗愈手段，它像空气和水一样不可或缺，不光是疗愈放松，就是我们想要保持正常的生活状态也要不断地从自然中获得新的刺激。大脑结构、功能分区及神经网络作用机制科学证明森林疗养活动中五感的重要性及可锻炼性，并通过日常练习改善与压力有关的身心疾病。特别是人体细胞水平的"压力-恢复动态变化"发生在 3 个方面：氧化、代谢和兴奋。细胞修复过程中某些最有效的成分是生长因子：BDNF、IGF-1、FGF-2 以及

VEGF。生长因子是压力、新陈代谢和记忆之间的关键纽带。

3. 康复景观理论

欣赏森林景观显著提高活力分数并降低焦虑、抑郁、愤怒、疲劳和困惑分数，同时交感活动有所降低而副交感神经活动有所提高。特定的森林环境能让体验者触景生情，得到某些心理暗示，也能够引发心理、生理和行为方面的改变，从而达到治愈作用。

4. 正念

有意识地觉察当下发生的一切经验，而不做评价、不做判断。医学和神经科学这两个领域的研究显示，正念是一种对身体健康和心理健康都能产生深远影响的重要生活技能。它能支撑并提高学习能力、提高情商和提升幸福感。在成年人中，正念训练显示出对与执行功能相关的大脑重要区域产生积极影响，包括冲动决策、理解他人、学习和记忆、情绪调节以及与自己身体的连接感。在强烈、持续的压力下，所有这些区域脑功能迅速下降，可以削弱学习和决策能力，并影响情商发展。例如没有自信、与他人的练习感减弱。而正念可以使这些能力变得更加强大。越来越多的证据表明，因为儿童神经系统和大脑仍在发育过程中，对压力的负面影响更加敏感，所以正念的效果更加明显。

5. 绿色运动

自然与运动之间的协调联系。体能活动与自然接触已经分别经过测试且有益于心理健康，因此绿色运动具有协同健康效益。①直接的积极效益：心理健康——增强自尊、改善情绪、促进放松感、提升幸福感；生理健康——降低血压与心律、降低皮质醇等压力生物学指标、降低体重指数、减少腰及腰臀比、降低体重及肥胖水平及全死因死亡风险和循环系统疾病死亡风险，并可改善免疫功能。②间接的积极效益：促进社会交往——建立社会纽带并对社会资本做出有益贡献。

6. 认知行为疗法

积极心理学研究表明：人际关系和社会支持是影响人们幸福感的重要因素。每个人都或多或少受到社交焦虑困扰。认知行为疗法（Cognitive Behavioral Therapy，CBT）是一种有结构、短程、认知取向的心理治疗方法，能够纠正焦虑人群中根深蒂固的认知偏差，转移他们注意力，培养更积极、更真实、更具有适应性的信念。

四、活动道具

课程一：明长城资料卡、甲骨文字卡、板夹、彩笔、便笺纸，受理面谈表、情绪状态量表（POMS）

课程二：大白纸、双面胶、透明密封袋、长城常见动植物图片

课程三：蒙汉抽签卡

课程四：风景胶片

课程五：参与者茶杯、茶席、茶叶、骆驼等摆件、冥想音乐

课程六：古诗词打印、拍立得

课程八：任务书、物资图片、板夹、彩笔、大白纸、双面胶、麻绳等手工材料

课程十："和平使者"证书、受理面谈表、情绪状态量表（POMS）

五、课程设计（表3）

课程设计整体说明：将体验者带入到中华民族脊梁、世界文化遗产——八达岭长城中，让体验者充分感受自然伟力与先人的智慧结晶，习得合作与信任，坚持与创造，和平与发展。在森林疗养活动中，引导体验者获得社会支持和灵感，加深彼此信任，与家庭成员之间建立深厚且不断加深的亲密关系。整个生命中我们真正要学习和成长的不仅仅是技能，还有不丧失对生活的感知，与他人真诚交往、共享有激情、有意义的生活。让我们与这个世界充分接触，享受生命的充沛。

表3 课程设计

活动前后	阶段	时间	课程	名称	具体活动
活动前后				课程流程整体说明	
活动前	评估阶段	5月	准备环节	场地踏查	
				课程设计	
				人员招募	
				后勤保障	
				前后测面谈准备及前测	
活动中	导入阶段	6月1日	课程一	破冰环节	此刻此地——贵州碑亭
					甲骨文辨识
					运动拉伸
	沉浸体验阶段		课程二	长城之万叠关山	长城漫步
					动植物识别及收集
			课程三	长城之民族融合	即兴讨论
					自然物命名

(续)

			课程流程整体说明		
活动中	沉浸体验阶段	6月1日	课程四	长城之梦想之家	幻影寻家
					家园建造
			课程五	午餐+茶歇+冥想	午餐
					茶歇
					长城冥想
			课程六	长城之壮志凌云	长城登顶
					诗词接龙
					长城大合唱
					合影
			课程七	长城之重走茶马古道	茶马互市漫步铜雕探秘
			课程八	长城之扎营为民	晚饭
					茶马互市知识准备
					茶马互市计划设置
					茶马互市物资准备
		6月2日	课程九	长城内外之茶马互市	早饭
					环境踏查
					场地搭建
					互市仪式
					互市
			课程十	分享环节	蒙汉物资展示
					蒙汉物资融合
					体验者感悟
					证书发放
					后测
			课程十一	长城内外之一家亲	午饭
					梦华长城
活动后	复盘		森林疗养效果评估及结果分析	情绪量表、血压、心率前后对比表、体验者反馈表	
			建议	改进措施及不足之处	

（一）导入环节：集合、前测及破冰

第一天：此时此地-贵州醉亭

地点：八达岭长城登城口、贵州碑亭

时间：10：00~21：00

课程一：长城之回溯时光，破空而行

在八达岭长城登城口集合后，乘坐地面缆车，到达南四楼。

行至"贵州碑亭"，测量血压和心率，做体验者前测及本次活动说明和注意事项，讲解"贵州碑亭"与"爱我中华，修我长城"40周年纪念渊源，引导体验者探索发现长城修复情况。

识别"黔心亭"上一副对联，并找出甲骨文卡片中正确的文字，寻找文字与生命演化历史进程中的沧海桑田，并用时间轴线自然名串起明代长城的边塞烟云。

（二）沉浸体验环节

时间：11：00~17：00

课程二：长城之万叠关山

运动拉伸+森林漫步+动植物识别（进化树图谱）

调整身体状态，进行运动拉伸，为接下来登城做准备，让身体更加轻松自如地运动。从"贵州碑亭"行至南七楼（专属开放段入口），沿途认识植物，寻找收集守护长城的动植物痕迹，制作动植物进化树图谱，理解各种物种始于共同祖先的演化关系。"长城内外是故乡"不仅是人类的故乡，也是动植物繁衍生息的家园。

课程三：长城之民族融合

即兴讨论+身份链接

从南七楼前往南十楼，出发前用抽签方式将体验家庭分出蒙汉两队，感受长城内外环境、民族同迁徙、战争、通婚而不断融合与发展的过程。同时继续捡拾自然物，这次需按照抽签身份给自己收集到的自然物命名。

课程四：长城之梦想之家

幻影寻家+家园建造

森疗师提前拍摄长城敌楼箭窗外风景，将风景照片制作为转印胶片（此步为提升观察难度），体验者按家庭抽取胶片，比对上对应的箭窗风景，并以此为家，用沿途捡拾到的自然物装扮自己的家园，同时，邀请其他家庭参观，向大家介绍其独特风景。

课程五：午餐+茶歇+冥想

正念饮食加特色午餐，邀请参与者品尝延庆火勺，火勺原为明代将士口粮。

布置"茶马古道"茶席

饭后，进行长城冥想（森疗师定制冥想词）留下美好回忆。

课程六：长城之壮志凌云

由南十楼登临南面最高峰南十二楼，莅临山之巅，游目骋怀，森疗师引导体验者层级远眺，欣赏长城的壮美，组织大家长城古诗词接龙抒发胸臆，共唱祝福祖国。

课程七：长城之重走茶马古道

回程步行，介绍长城相关知识，至关城平台介绍茶马互市，登关城遥看古道，了解关城重要作用。在步行街上探索沿街雕塑背后的故事，思考"隆庆和议"的历史影响。

课程八：长城之扎营为民

方案制定+自然物手作

入住岔道村，吃民俗晚饭。

晚餐后，森疗师发布任务书，体验者根据任务书查询资料，化身为"隆庆和议"后的蒙汉原住民、了解边贸政策，设计自己的营地与互市物资准备。

完成营地设计及方案指定后、体验者需捡拾自然物进行手工创作完成互市物资的准备。

第二天：长城内外的茶马互市

地点：岔道村、梦华长城

时间：8：30~16：00

课程九：长城内外之茶马互市

环境踏查+即兴场景搭建+即兴戏剧+经济及文化演绎

8：30 互市准备：8：00 开始准备开市，包括环境准备、市场搭建、开市仪式准备。

9：30 正式开市，参与家庭用自制的马匹、茶砖、布帛等物资进行互换，互换规则体验者自行决定。

举例：永乐三年，辽东，中马=绢3匹，布5匹；中马=绢2匹，米10石。

(三)分享环节：

课程十：长城之内外一家亲分享感悟

大地艺术+共享感悟+梦华长城

互市结束后双方参观、展示各自手中的物料。森疗师引导大家将所有物料放在一起做艺术创作。

参与家庭分享活动感悟，森林疗养师为大家颁发"和平使者"证书，测量血压和心率，做受理面谈后测其情绪量表。

课程十一：长城之千年一梦——梦华·长城

本课程在体验者经历两天一夜的沉浸式体验活动后、再度以观看震撼的《梦华·长城》为结束环节，除为本次课程进行整体升华外，也将之前的活动形成记忆点为后续活动的展开提供链接。

驾车前往"梦华长城"剧场，观看大型长城主题沉浸式音乐情景剧《梦华·长城》，这是延庆区首部以长城文化为宏大背景，以两千余年的长城历史故事为主线，以八达岭为核心场景，选取极具辨识度、号召力、聚焦点和有记忆符号的与长城有关的名人、作品、故事、逸事，将音乐、舞蹈、服装、诗词、民俗等艺术样式熔于一炉的大型演出，通过激光、电脑特技、梦幻特效等表现手法，集中彰显长城独有的人文特质，艺术地再现绚烂的华夏气象和浓郁动人的诗意。

以震撼演出，结束本次森林疗养活动，下午 4 点结束回城。

六、规则与要求

（1）注意防晒，6 月份紫外线照射强烈，长城上大部分空心敌台没有修复顶层。

（2）注意森林防火，长城全线为防火区域，禁止野外吸烟和使用明火。

（3）注意文物保护，不要在长城上乱涂乱画，严重者将会违反文明游览规定被行政处罚。

七、森林疗养效果评估方法及结果分析

（1）评估工具：①森林疗养师专用受理面谈量表（参与者将提前填写年龄、吸烟状况、饮酒情况、早餐状况、睡眠时间、工作时长、体力活动、营养均衡状况及压力水平等信息）。②情绪状态量表（POMS）。

（2）评估结果：本活动为提交设计后落地实践案例，评估结果将于答辩时汇报。

八、提示与建议

（1）提示：①穿舒适的适宜户外运动的衣服鞋子，可以自带折叠防潮垫方便休息；②南段长城只有南四楼有公共卫生间可以使用，需要步行较远距离，需在受理面谈时告知体验者，做好心理准备。

（2）建议：本活动为提交设计后落地实践案例，改进建议将于答辩时汇报。

植物识别

长城漫步

幻影寻家

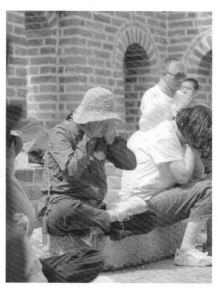
长城冥想

（本节由何晨供稿）

第四节 高压人群森林疗养课程设计案例

一、活动简介

活动主题：消防队员主题森疗活动

活动安排

1. 时间：每个月的第3个周末
2. 活动地址：北京顺义区九间棚春风园艺农场

地点简介：农场以"森林生态农业"为目标，秉持"森林疗养"理念，成功打造了多处疗愈景观场所，其最大特色在于根据种植作物的不同，将农场划分成了各具特色的花园（银杏花园、蜜语花园、木屋花园、猫爪菜园和玫瑰园），在作物正常生长的基础上，经过景观的叠加，使果园增加了种植以外的更多功能，拥有了服务、疗愈的性质，是开展森疗活动的优选基地。

3. 对象和人数：消防队员群体，15~25人

二、活动目标

（1）评价森林疗养活动对消防队员的干预效果。
（2）提高森林疗养活动对消防队员的服务水平，增强针对性。
（3）明确森林疗养活动助益消防队员身心健康的作用机制。

三、理论依据

（1）森林疗养：森林具有净化空气的功能；植物分泌的"芬多精"，具有杀菌和抑制作用。森林中的负氧离子，对人体生命活动非常有益；森林的绿色环境，让人心情平静。森林疗养就是利用上述元素的作用，通过在森林中开展一系列活动，增进身心健康，缓解紧张压力，预防和治疗身心疾病。

（2）运动疗法：人在运动时，会产生多巴胺、内啡肽等，它们都与情绪相关，能让人兴奋和快乐，带走压力和不愉快。在森林中运动与休闲，切换交感神经和副交感神经，能让人身体更放松，心情更愉悦。

（3）芳香疗法：香气吸入人体后，可产生镇静和平和的效果。香草植物提升人体免疫功能；对人类情绪改善和减压放松及免疫力提升都有明显的效果。

（4）五感疗法：森林疗养最基础也是最重要的疗法。通过视觉、听觉、嗅觉、味觉和触觉的刺激帮助人群打开五感，更好地接受大自然的馈赠。

四、活动道具

前测表、后测表、自然名贴纸、马克笔、画笔、梨树枝、麻绳、花篮若干、卡片纸若干。

五、课程设计（表4）

活动时间：5小时

活动带领老师：3~4位相关专业老师

活动前期进群后发送电子版森疗前测表。

表4　课程设计

春醒系列森林疗养系列活动			
主题：当夏——我们的树			
前测面谈	前测	前测填表	了解消防队员身心状态
活动导入	自然名回顾/更新	自然名链接	与环境建立链接，进入到活动中来
	破冰	我们是一棵树	运动热身
活动连接	转场	止语漫步	慢慢行走，观察路上的环境
主活动	梨树世界	我们的梨树	寻找梨树 挂牌仪式 梨树：花与叶子、树皮的组成
深度链接	场地踏查	梨树、金银花、香草组	分组 场地踏查
	共享感悟		各组分享场地
后测面谈	后测	后测填表	

课程实施

（1）导入环节：由自然名回顾/更新及运动破冰两个环节组成；针对消防队员的活动从2022年即启动，本次参与人员有曾经参加过的消防队员，也有新入伍的消防队员，通过自然名回顾或者更新，帮助消防人员从排队到达场地的结构式活动转化为与环境进行链接，与过往的自然环境下曾经经历的美好体验进行链接，回到当下的环境中，与农场的自然环境和同伴在一起；运动破冰环节采用了我是一棵树，即每人自主从农场修剪枝条后产生的枝条中选择一枝，运用五感疗法仔细地观察形态，触摸其表皮，感受其温度来形成枝条与消防人员的链接，森疗师引导用隐喻的方法带领消防人员把枝条想象成一棵树，并把手中枝条立在地上，所有人员围成一个大圈，快速移动身体交换枝条，几轮过后各自再找回自己的枝条放在一起。本环节森林疗养师临时加了分享环节，发现消防队员身心状态已经很好的融入环境和活动中来。导入环节完成。

（2）转场环节：转场环节需要将消防队员带到梨园，沿途采用了止语漫步加蒙眼毛毛虫，止语环节是为了在关闭语言交流功能的同时体验者更好地观察环境为下一个环节做准备；蒙眼毛毛虫则帮助体验者更好地建立了与大地之间的链接，深化了触觉功能，找回最基本的感觉。

（3）主活动：我们的梨树由3个部分组成：寻找梨树，挂牌仪式以及梨树知识的学习。

转场至梨园时森林疗养师带领消防队员在蒙眼毛毛虫结束时排成一长排闭眼面对着梨树，当他们睁开眼睛的一瞬间眼前是一棵棵成排的梨树与他们面面相对，形成视觉和感觉的冲击。在森林疗养师引导其观察脚下的大地、小草与之前环境不同后，又引导消防人员两人一组去寻找各自喜欢的梨树，观察和记忆其形态，触摸它的树干、枝叶并为其命名。

在消防人员结队寻找到自己的梨树后，森林疗养师邀请他们进行了分享，此时消防人员与环境和同伴已经建立起良好的链接，纷纷主动要求分享，有来自彝族的消防队员甚至唱起了民歌为他们选择的树赋予名称和意义。在人与环境完美融合的状态下，消防人员郑重地为自己的树挂好了铭牌，为后续的活动做好准备。

分享环节，森林疗养师也为消防队员科普了梨树的知识，实现身心健康得到提升的同时进一步摄入更多的知识。

（4）深度链接环节根据农场的植物和地形邀请消防队员作为主人分组踏查香草组、梨花组和金银花组。在消防队员以主人的身份对场地踏查的同时，不同小组的森林疗养师同步讲解关于三组植物的知识、生长的习性以及目前的场地状态，并运用了芳香疗法邀请他们感知芳香植物，并请他们深度思考后续三组场地的植物种植、耕耘和管理。

分享环节除3个组各自分享踏查场地的收获和感悟外，森林疗养师又引导两两成组的伙伴们各自画出共同选择的那棵树，并进行对比和互相补足。大家惊喜地发现绝大多数双人组创作的风格极其相似，人与树、人与人、人与大家形成了深度的链接。

春天是播种的季节，森林疗养在消防队员心里种下一颗自然为药的种子，在后续的活动中继续深耕，秋天一定会有金黄色的梨子挂满枝头，共同享受收获的果实。

六、规则与要求

(1)活动拒绝空降和迟到。

(2)活动期间不使用手机并全程静音。

(3)享受活动,如有些活动不愿参与,向森林疗养师提出申请即可。

七、森林疗养效果评估方法及结果分析

(1)评估工具:森疗评估前测表、森疗评估后测表。

(2)评估结果:消防人员作为精神高压人群的状态得到放松和疏解,焦虑、烦躁和失眠状态得到改善;与环境的链接和同伴的支持提升了消防人员的整体身心健康及社会性适应能力。

我们的梨树—认知行为疗法

五感疗法—运动疗法

第六章 森林疗养课程设计案例

芳香植物疗愈—共享感悟

蒙眼毛毛虫

(本节由王雪供稿)

参考文献

蔡宏道. 现代环境卫生(第一版)[M]. 北京：人民卫生出版社，1995.

长城踞北. 延庆卷/北京市政协教卫文体委员会，北京国际城市发展研究院，北京区延庆区政协. 长城踞北[M]. 北京：北京出版社，2018.

陈昌笃. 都江堰生物多样性研究与保护[M]. 成都：四川科学技术出版社，2000.

陈雅芬. 空气负离子浓度与气象要素的关系研究[D]. 南昌：南昌大学，2008.

陈自新，苏雪痕. 北京市园林绿化生态效益的研究[J]. 中国园林，1998，14(1)：16-19.

程希平，陈鑫峰，沈超，等. 森林养生基地建设的探索与实践[J]. 林业经济问题，2015，35(6)：548-553.

大井玄，宫崎良文，平野秀树. 森の医学Ⅱ[M]. 东京：朝仓书店，2009.

但新球. 森林公园的疗养保健功能及在规划中的应用[J]. 中南林业调查规划，1994，1：54-57.

邓三龙. 森林康养的理论研究与实践[J]. 世界林业研究，2016，29(6)：1-6.

帝都绘工作室长城绘[M]. 北京：北京联合出版公司，2019.

方震凡，徐高福，张文富，等. 新时期发展森林休闲养生旅游探析——以千岛湖龙洞清心谷为例[J]. 中国林业经济，2014，12(6)：68-71.

甘丽英，刘荟，李娜. 森林浴在健康疗养护理中的应用[J]. 中国疗养医学，2005，14(1)：20-21.

高岩. 北京市绿化树木挥发性有机物释放动态及其对人体健康的影响[D]. 北京：北京林业大学，2005.

葛坚，卜菁华. 关于城市公园声景观及其设计的探讨[J]. 建筑学报，2003(3)：58-60.

郭湘涛. 山地疗养空间景观设计研究[D]. 重庆：西南大学，2010.

郭毓仁. 园艺与景观治疗理论及操作手册[M]. 台湾：中国文化大学景观学研究所，2002.

何芳永. 浅谈森林浴的科学原理[J]. 华东森林经理，1998(3)：24-25.

黄建武，陶家元. 空气负离子资源开发与生态旅游[J]. 华中师范大学学报，2002，36(2)：257-260.

黄甜. 森林浴场规划[D]. 北京：中国林业科学研究院，2013.

黄彦柳，陈东辉，陆丹，等. 空气负离子与城市环境[J]. 干旱环境监测，2004，18(4)：17-20.

蒋家望，龙友本，普英，等. 昆明疗养地对1670例异地疗养员疗养效果的影响[J]. 中国疗养医学，1997，6(1)：7-10.

景燕，王俊凌，牟林山. 都江堰疗养因子的综合分析及应用[J]. 中国疗养医学，2004，13(3)：140-142.

李悲雁，郭广会，蔡燕飞，等. 森林气候疗法的研究进展[J]. 中国疗养医学，2010，20(5)：385-387.

李博，聂欣. 疗养期间森林浴对军事飞行员睡眠质量影响的调查分析[J]. 中国疗养医学，2014，23(1)：75-76.

李成，王波. 城市物理环境与人体健康[J]. 工业建筑，2003，33(7)：69-71.

李春媛，王成，贾宝全，等. 福州国家森林公园游客游览状况与其心理健康的关系[J]. 城市生态与城市环境，2009，22(3)：1-4.

李辉. 居住区不同类型绿地释氧固碳及降温增湿作用[J]. 环境科学，1999，20(6)：41-44.

李明阳，刘敏，刘米兰. 森林文化的发展动力与发展方向[J]. 北京林业大学学报：社会科学版，2011，11(1)：17-21.

李明洋. "触摸"自然——五感综合体验在环境艺术空间中的应用研究[D]. 济南：山东师范大学，2011.

李璞. 感觉——视觉、听觉、触觉、嗅觉和味觉[J]. 国外科技动态，1998，09：24-27.

李卿. 森林医学[M]. 北京：科学出版社. 2013.

李卿. 森林医学[M]. 王小平等译. 北京：科学出版社，2013.

李善华，屈红林. 运动医学与运动疗法[J]. 中国组织工程研究与临床康复，2007，45(11)：91-94.

李响明. 森林浴及森林浴场的开发[J]. 江西林业科技，2004，25-26.

励建安. 运动疗法的历史与未来[J]. 中国康复医学杂志，2003，18(2)：68.

梁英辉，穆丹，戚继忠. 城市绿地空气负离子的研究进展[J]. 安徽农学通报，2009，15(16)：66-67.

林冬青. 杭州3家疗养院植物群落空气负离子及景观评价研究[D]. 杭州：

浙江农林大学，2010.

林金明，宋冠群，赵利霞，等. 环境、健康与负氧离子[M]. 北京：化学工业出版社出版发行，2006.

林忠宁. 空气负离子在卫生保健中的作用[J]. 生态科学，1999，18(2)：87-90.

刘斌，余方，施俊. 音乐疗法的国内外进展[J]. 江西中医药大学学报，2009，21(4)：89-91.

刘华亭. 绿的健康法[M]. 台北：大展出版社，1984.

刘行光. 森林资源大观[M]. 北京：中国财政经济出版社，2012.

刘亚，李茂昌，张承聪. 香樟树叶挥发油的化学成分研究[J]. 分析试验室，2008，27(1)：88-92.

刘雁琪. 福州国家森林公园旅游静养区环境评价与建设研究[D]. 北京：北京林业大学，2004.

娄京荣，郑重飞，李莹，等. 花椒属植物抗感染作用研究进展[J]. 中草药，2018，49(22)：5477-5484.

陆基宗. "森林浴"：治病·健身·休闲[J]. 东方食疗与保健，2007，4：67.

吕健，徐锦海. 昆明世博园空气离子测定及评价[J]. 广东园林，2000，2：11-14.

南海龙，等. 森林疗养漫谈[M]. 北京：中国林业出版社，2016.

南海龙，等. 森林疗养漫谈Ⅱ[M]. 北京：中国林业出版社，2018.

南海龙，等. 森林疗养漫谈Ⅲ[M]. 北京：中国林业出版社，2019.

南海龙，王小平，陈峻崎，等. 日本森林疗法及启示[J]. 世界林业研究，2013(6)：74-78.

庞广昌，陈庆森，胡志和，等. 网络方法在食品体内功能定量化评价中的应用[J]. 食品科学，2014，35(13)：293-302.

庞广昌，陈庆森，胡志和，等. 味觉受体及其对食品功能评价的应用潜力[J]. 食品科学，2016，37(3)：217-228.

曲宁，周春玲，盖苗苗. 刺槐花香气成分对人体脑波及主观评价的影响[J]. 西北林学院学报，2010，25(4)：49-53.

森本兼曩，宫崎良文，平野秀树. 森の医学Ⅰ[M]. 东京：朝仓书店，2006.

上原严. 森林療法最前線[M]. 东京：全国林业改良普及协会，2009.

上原严. 森林療養の手引き 地域でつくる実践マニュアル[M]. 东京：全国林业改良普及协会，2007.

上原严. 著名人の森林保養[M]. 东京：全国林业改良普及协会，2010.

邵海荣，贺庆棠，阎海平，等. 北京地区空气负离子浓度时空变化特征的研究[J]. 北京林业大学学报：自然科学版，2005，10（3）：39-43.

邵海荣，贺庆棠. 森林与空气负离子[J]. 世界林业研究，2000，13（5）：19-23.

佘双好，马国亮. 当代青少年身心健康发展的新特点与对策[J]. 青年探索，2010（5）：85-91.

苏畅. 谈森林植物之美及其感受[J]. 北京农业，2012，（18）：124.

孙睿霖. 森林公园环境教育体系规划设计研究——以福州旗山国家森林公园为例[D]. 北京：中国林业科学研究院，2013.

田星. 论味觉经验的审美特性[D]. 济南：山东大学，2014.

瓦伦汀娜. 伊万契克. 树医生的城市处方[M]. 金佳音译. 北京：北京联合出版公司，2022.

汪荫棠. 空气离子疗法[J]. 中华理疗杂志，1982，5：48.

王国付. 森林浴的医学实验[J]. 森林与人类，2015，9：182-183.

王红姝，李静. 发展森林养生度假旅游探讨[J]. 林业经济，2008，7：58-60.

王洪俊. 城市森林结构对空气负离子水平的影响[J]. 南京林业大学学报：自然科学版，2004，28（5）：96-98.

王金球，李秀增. 雾对海滨空气离子的影响[J]. 中华理疗杂志，1992（3）：175-176.

王奎. 森林度假，拒绝"麦当劳"[J]. 帕米尔，2009，5：24-25.

王庆，胡卫华. 森林生态学在小区绿化中的应用研究[J]. 住宅科技，2005（2）：27-29.

王艳英，王成，蒋继宏，等. 侧柏、香樟枝叶挥发物对人体生理的影响[J]. 城市环境与城市生态，2010，23（3）：30-32.

吴楚材，黄绳纪. 桃源洞国家森林公园的空气负离子含量及评价[J]. 中南林学院学报，1995，15（1）：9-12.

吴楚材，吴章文，罗江滨. 植物精气研究[M]. 北京：中国林业出版社，2006.

吴楚材，郑群明，钟林. 森林游憩区空气负离子水平的研究[J]. 中国林业科学，2001，37（5）：75-81.

吴楚材，钟林生，刘晓明. 马尾松纯林林分因子对空气负离子浓度影响的研究[J]. 中南林学院学报，1998，18（1）：70-73.

吴楚材. 论生态旅游资源的开发与建设[J]. 社会科学家，2000，15（4）：

7-13.

吴佛运，张华山，李官贤. 室内空气负离子浓度及其改善措施的效果观察[J]. 中国公共卫生，1994，10(3)：97-98.

吴焕忠，刘志武，李茂深. 住宅区绿化与空气质量关系的研究[J]. 中南林业调查规划，2002，21(3)：56-57.

吴际友，程政红，龙应忠，等. 园林树种林分中空气负离子水平的变化[J]. 南京林业大学学报：自然科学版，2003，27(4)：78-80.

吴建平. 环境与人类心理[M]. 北京：中央编译出版社，2011.

吴立蕾，王云. 城市道路绿视率及其影响因素：以张家港市西城区道路绿地为例[J]. 上海交通大学学报：农业科学版，2009(3)：267-271.

吴明添. 森林公园游步道设计研究[J]. 福建农林大学，2007.

吴文贵. "森林浴"确实有利健康[J]. 养生大世界：B版，2006，5：39.

郄光发，房城，王成，等. 森林保健生理与心理研究进展[J]. 世界林业研究，2011，24(3)：37-41.

小山泰弘，高山範理，朴範鎮，等. 森林浴における唾液中コルチリゾール濃度と主観評価の関係[J]. 日本生理人類学会誌，2009，14(1)：21-24.

胥玲. 对森林医学认识的探究[J]. 北京农业. 2015，22：126.

徐启佑. 森林浴-最新潮的健身法[M]. 台北：中国造林事业协会，1984：15-18.

薛静，王青，付雪婷，等. 森林与健康[J]. 国外医学地理分册，2004，25(3)：109-112.

薛群慧，包亚芳. 心理疏导型森林休闲旅游产品的创意设计[J]. 浙江林学院学报，2010(1)：121-125.

闫俊，崔玉华. 一次集体绘画治疗尝试[J]. 中国临床康复，2003，7(30)：4160-4161.

杨建松，杨绘，李绍飞，等. 不同植物群落空气负离子水平研究[J]. 贵州气象，2006，30(3)：23-27.

杨欣宇，南海龙，康瑶瑶. 世界名人与森林疗养[J]. 绿化与生活，2015(7)：54-55.

叶晔，李智勇. 森林休闲发展现状及趋势[J]. 世界林业研究，2008(8)：11-15.

张福金，陈锡林，宋玲. 环境污染对空气负离子浓度影响试验观察[J]. 中国康复，1988，3：172.

张建中. 风靡世界的森林浴[J]. 陕西林业科技，1995(2)：66-68.

张日昇. 咨询心理学. 北京：人民教育出版社，2009.

赵小宇，马轶，孙克南. 浅谈森林浴与森林浴场设计[J]. 河北林业科技，2014(3)：47-49.

郑群明. 日本森林保健旅游开发及研究进展[J]. 林业经济问题，2011，31(3)：275-278.

郑玉凤. "多感"视角下江南古镇旅游和景观体验研究[D]. 北京：北京林业大学，2015.

周彩贤，张峰，冯达，等. 北京市以森林疗养促进公众健康对策研究[J]. 北京林业大学学报(社会科学版)，2015，14(2)：13-16.

周彩贤、南海龙，等. 森林疗养师培训教材——基础知识篇[M]. 北京：科学出版社，2018.

周长亮. "触摸"自然——五感综合体验在环境艺术空间中的应用研究[D]. 济南：山东师范大学，2011.

周国文. 森林美学的可能与基础[J]. 南京林业大学学报(人文社会科学版)，2017，17(01)：53-61.

朱忠保. 森林生态学[M]. 北京：中国林业出版社，1991.

ANGIOY A M, DESONGUS A, BARBAROSSA I T. Extreme sensitivity in an olfactory system[J]. Chemical Senses, 2003, 28(4)：279-284.

BAKALYAR H A, REED R R. Identification of a specialized adenylyl cyclase that may mediate odorant detection[J]. Science, 1990, 250：1403-1406.

DANDO R, DVORYANCHIKOV G, PEREIRA E, et al. Adenosine enhances sweet taste through A2B receptors in the taste bud[J]. Journal of Neuroscience, 2012, 32(1)：322-330.

DONGLASS R W. 森林旅游[M]. 张建列译. 长春：东北林业大学出版社. 1986.

GRAHN P, STIGSDOTTER U. Landscape planning and stress[J]. Urban Forestryand Urban Greening, 2003, 2(1)：1-18.

Hegel G. 美学[M]. 朱光潜译. 北京：北京商务印书馆. 1995.

IWAM A H, OHMIZO H, FURUTA S, et al. Inspired superoxide anions attenuate blood lactate concentrations in postoperative patients[J]. Critical Care Medicine, 2002, 30(6)：1246-1249.

JOAN A T. Negative ions may offer unexpected MH benefit[J]. Psychiatric News. 2007, 42(1)：25.

LEE Q. Forest medicine[M]. New York：Nova Science Publishers. 2012.

MAO G X, CAO Y B, LAN X G, et al. Therapeutic effect of forest bathing on human hypertension in the elderly. Journal of Cardiology, 2012, 60(6): 495-502.

MARTIN B, MAUDSLEY S, WHITE C M, et al. Hormones in the naso-oropharynx: endocrine modulation of taste and smell[J]. Trends in Endocrinol and Metabolism, 2009, 20(4): 163-170.

MORTON L, KERSHNER J R. Differential negative air ions effects on learning disabled and normal achieving children[J]. International Journal of Biometeorology, 1990, 34(1): 35-41.

NAMNI G, MICHAEL T, JIUAN S T, et al. Controlled trial of bright light and negative air ions for chronic depression[J]. Psychological Medicine, 2005, 35(7): 945-955.

OHIRA T. Aromas of forest and aromas of wood(in Japanese)[M]. Tokyo: 81 publishing corporation. 2007.

OLENDER T, LANCET D, NEBERT D W. Update on the olfactory receptor (OR) gene superfamily[J]. Hum Genomics, 2008, 3(1): 87-97.

PENUELAS J, LLUSIA J. Plant VOC emissions: making use of the unavoidable [J]. Trends in Ecology and Evolution, 2004, 19(8): 402-404.

SHIGEMURA N, IWATA S, YASUMATSU K, et al. Angiotensin II modulates salty and sweet taste sensitivities[J]. Journal of Neuroscience, 2013, 33(15): 6267-6277.

SUZUKI S, YANAGITA S, AMEMIYA S, et al. Effects of negative air ions on activity of neural substrates involved in autonomic regulation in rats [J]. International Journal of Biometeorology, 2008, 52(6): 481-489.

TERMAN M, TERMAN J S. Treatment of seasonal affect disorder with a high output negative ionizer[J]. Journal of Altern Complement Med, 1995, 1(1): 87-92.

WAT A I, NORO H, Ohtsuka. Physical effects of negative airions in a wet sauna [J]. Int-Biometeorol, 1997, 40(2): 107-112.

YOSHIDA R, OHKURI T, JYOTAKI M, et al. Endocannabinoids selectively enhance sweet taste[J]. Proceedings of the National Academy of Sciences of the United States of America, 2010, 107(2): 935-939.

ZHANG X H, DE LA CRUZ O, PINTO J M, et al. Characterizing the expression of the human olfactory receptor gene family using a novel DNA microarray[J]. Genome Biology, 1997, 8(5): 86.

ZHANG X, FIRESTEIN S. Genomics of olfactory receptors[J]. Results and Problems in Cell Differentiation, 2009, 47: 25-36.